OSO18を追え

〝怪物ヒグマ〟との闘い560日

藤本靖
「OSO18特別対策班」リーダー

文藝春秋

OSO18を追え　〝怪物ヒグマ〟との闘い560日

【ＯＳＯ18】　北海道東部、標茶町《しべちゃ》、厚岸町《あっけし》において二〇一九年から二〇二三年にかけて六十六頭もの牛を襲い、〝怪物〟として世間を恐怖に陥れたヒグマのコードネーム。
本書は、ＯＳＯ18を捕獲・駆除すべく五六〇日間に亘って追跡したＮＰＯ法人「南知床・ヒグマ情報センター」の藤本靖理事長（当時）の手記である。

目次

□本書に登場する主な地域

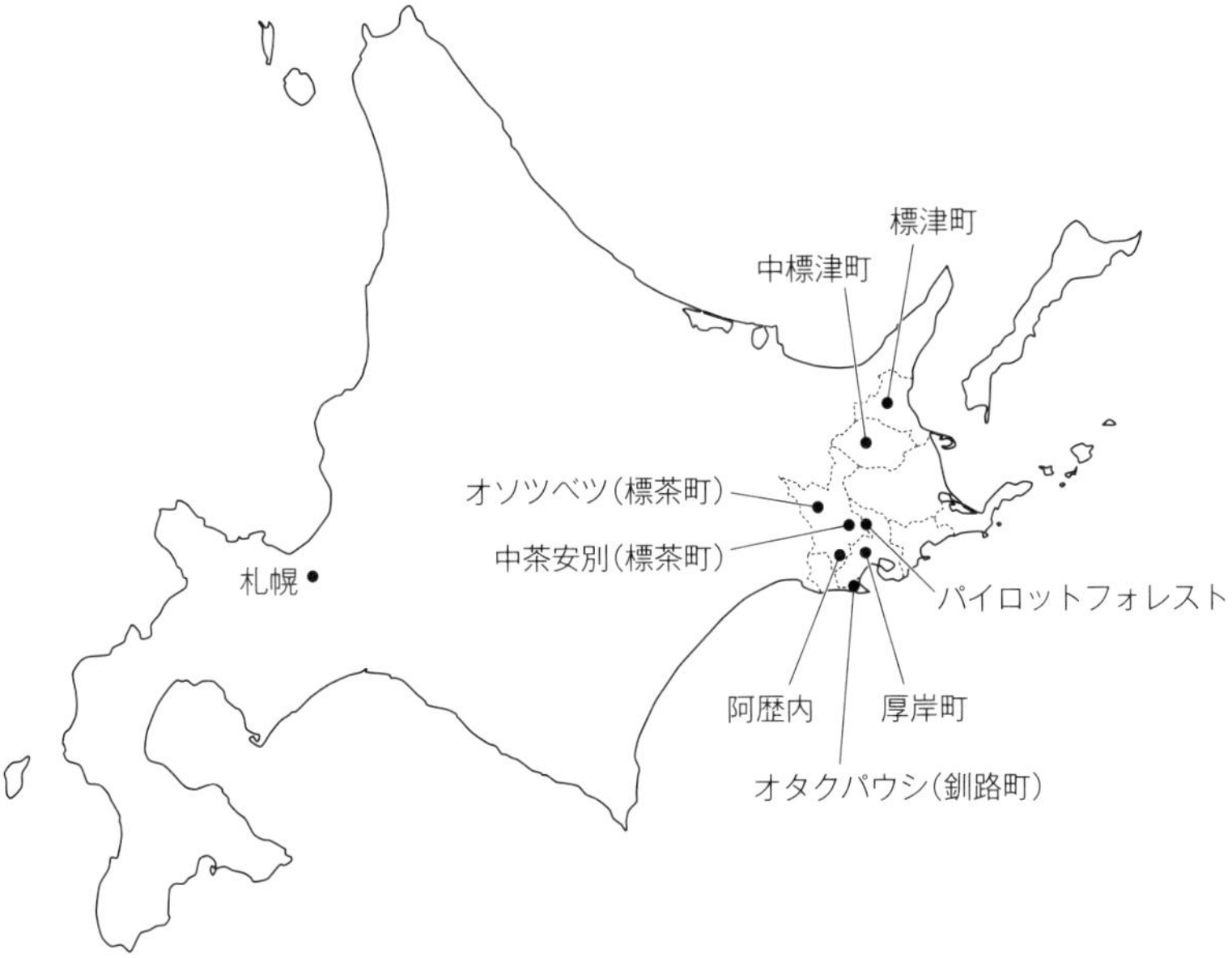

作成：編集部

プロローグ

〈**クマに襲われ乳牛死ぬ**〉

令和の日本を震撼させた大騒動は、こんな見出しの「ベタ記事」から始まった。二〇一九年七月十七日付の北海道新聞朝刊に掲載されたこの記事の全文は以下の通りだ。

〈**【標茶】16日午後3時半ごろ、釧路管内標茶町オソツベツの牧場で、放牧中の乳牛1頭がクマに襲われているのを牧場の男性従業員が見つけた。**

同町によると、クマが乳牛1頭を引きずっているのを従業員が目撃。クマは従業員に気づき山の方向へ逃げた。襲われた牛は腹を裂かれた状態で死んでいた。現場は同町中心部から約8キロ離れた山中にある牧草地〉

ヒグマは雑食性であるが、基本的に口にするのは草木類や木の実といった植物性のものが八割から九割を占め、あとはアリなどの昆虫や鮭などである。肉を食べるのは、たまたまエゾシカなどの死体を見つけたときぐらいだ。そのクマが牛を襲って食べたのだとすれば、レアケースではある。

かといって、文字数にしてわずか百六十字程度のこの記事を最初に読んだとき、私がヒグマの専門家として〝異変〟を感じたかといえば、実はそうでもなかった。

牛がヒグマに襲われること自体は、私の住んでいる町でも起きているし、対応も経験している。道内の他地区でも過去に起きていることだからだ。

特に開拓期の北海道においては、ヒグマが家畜を襲うケースは珍しくなかった。

例えば北海道出身の詩人でアイヌ文化の研究者として知られる更科源蔵（一九〇四―一九八五）は、著書の『北方動物記』の中でこう書いている。


〈春に穴から出たばかりの熊は、清水の湧く沢でチシマスゲだのミズバショウだのを食って下痢をしたり石の下からザリガニを探し出したり、腐れ木をこわして蟻をいじめたりして細々と暮しているが、それが夏になるとかえって貧しくなり、木にのぼってサンナシの青い小さな実を食べたり、高山だと渋い這松の実を食ったり、草いちごの実をひろったりして、さっぱり腹のたしになるようなものがないので、危険をおかして、牧場へ狩に出かけて来たりするようになるらしい。しかしこれもどの熊もが、牛や馬に爪をかけるのではなく、一度牛や馬を食って味を知ったのがやるようで、中には馬の群にまぎれ込んで、まご〳〵している純情な熊もあるということである〉

山にクマの食料が少なくなる夏場に、牧場の家畜を狙うクマがいるという。

興味深いのは、〈一度牛や馬を食って味を知った〉クマが牧場を襲うという点である。ヒグマは非常に学習能力の高い動物である。一度美味しい肉の味を知ったクマは、その肉がどこへ行けば手に入るかを学習し、執着する傾向が強い。

ではこの令和の時代になぜこのヒグマは牛を襲ったのか。

正直に言うと、この時点では私はクマの側の問題というよりも、「何か牧場側の牛の管理の仕方に問題があったのでは」という風に考えていた。

だがその後、事態は思わぬ方向へと展開していく。

最初の襲撃から三週間後の八月五日には、標茶町新久著呂《しんくちょろ》牧野で八頭の牛が襲われ、四頭が死亡し、二頭が負傷、二頭が行方不明になっているのが発見された。

さらに翌六日には上茶安別《かみちゃんべつ》牧野で四頭が襲われ三頭が死亡、一頭が負傷する被害が出る。

ヒグマによる牛の連続殺傷事件という令和のミステリーは、こうして幕を開けた。

「南知床・ヒグマ情報センター」とは

八月二十日朝。

「おい、ニュースみたか？　また牛、獲られたみてぇだぞ」

普段は物静かな赤石正男が珍しく興奮した口調でNPO法人「南知床・ヒグマ情報センター」の事務所に入ってきた。この日、クマによる六件目の襲撃で五頭の牛が負傷する被害が報じられたからだ。

私の肩書きは「南知床・ヒグマ情報センター」の理事長。そして赤石は同センターの業務課長である。

「ああ、昨日ので六件目、もう二十頭超えたなあ。この前、標茶町《むこう》さ行ったときに、檻のかけ方は話したんだけどなぁ」

私がそう応じると、「何やってんだべな」と赤石はじれったそうに呟いた。

「俺たちの話、ちゃんと聞いてくれてないんでないか」

「新しい檻作るって言ってたけど、まだ出来てないかも知れないぞ」

そう言って、二人で顔を見合わせた。

そもそも私が道東の標津町《しべつちょう》でＮＰＯ法人「南知床・ヒグマ情報センター」を立ち上げたのは二〇〇六年のことである。

標津町は人口六千人に満たない小さな町だが、古くからサケがよく獲れることで知られ、一時は、日本で水揚げされるサケの六～一〇％はこの町で水揚げされていた。町内を流れる標津川は、多い年には三十万匹を超えるサケの遡上があった町のシンボルでもある。

一九六一年生まれの私はこの標津川で産湯をつかった〝標津っ子〟で、本業は父から継いだ「大津自動車興業」という自動車整備会社の経営者である。

そんな私がヒグマとの関わりを持つようになったのは、子どもの頃からの趣味でもある釣りがきっかけだった。

サケが豊富な標津には昔から道内外からサーモン狙いの釣り客が多数訪れていたが、一部には釣り場の海岸を汚したりするマナーの悪い人がいたために、地元の漁師としばしばトラブルになっていた。そこで私はサーモンフィッシングのルール作りに取り組み、二十六歳のときに日本初となる海のサケ釣り大会「オールジャパンサーモンダービー」を開催した。以降、道内の遊漁行政にも深く関わることになる。

一九九五年には「忠類川サケマス有効利用調査」が始まり、私は同調査の実行委員会の副委員長に任命されるのだが、この川はヒグマの生息地でもある。そこでシーズンともなると私は毎日夜明け前から、釣り人が行き来する道路や河原を見て回った。もしクマの痕跡があれば、釣りの開始時間を遅らせて安全確認を行い、場合によってはクマと遭遇した釣り人からのＳＯＳを受けて救出に向かうといった活動に従事するようになった。

最初の頃はクマの痕跡や足跡の見方もわからなかった私に、それを一から教えてくれたのが、川を見回る巡回指導員の隊長だった斉藤泰和である。

斉藤は釣りだけでなく、狩猟もやっており、ハンターとして赤石とコンビを組んでいた。赤石直伝と言えるクマの追跡技術にかけてはハンター仲間ではトップクラスといえる存在だった。家業が電気工事店であったことから、仲間内では「電気屋さん」で通っていたが、この斉藤が私にとって、最初のヒグマの師匠と言えるのかも知れない。

以来、私は二十五年間に亘って、毎年クマの痕跡を探し続けてきた。その年月を経て、ヒグマという動物の生態を学び、ヒグマが通った後の草の倒れ方ひとつでその大きさや向かった方向も把握できるようになった。見回りの最中にヒグマと接近遭遇する機会も何度かあったが、その目利きにより危険な目に遭うことはなかった。

何しろ、もし釣り人とクマとの間で何か事故が起こってしまった場合、「ルールを守って誰もがサーモンフィッシングを楽しむことができる釣り場」という日本初の試みが水泡に帰してしまうことは確実だった。だから、安全面には万全を期したのである。

一方でヒグマと釣り人が遭遇する機会も年々明らかに増えてきていた。人間の生活圏のすぐ近くまでクマが活動域を広げてきている実態を知るにつけ、将来的に人間社会との軋轢《あつれき》が高まることに危機感を覚えるようになった。

そこで私は二〇〇六年に「根釧地区における野生動物の調査研究及び自治体からの管理委託による野生動物管理」を目的として、NPO法人「南知床・ヒグマ情報センター」を設立したのである。初代理事長は斉藤泰和だ。

というわけでNPO法人の事務所は、私の経営する大津自動車の事務所と兼用する形になっている。

現役最強のヒグマハンター

業務課長である赤石正男の主要な「業務」とは有害なヒグマの駆除に他ならない。

赤石はもともと重機のオペレーターをしていたが、北海道における建設業は、一月から五月のゴールデンウィーク明けまでは積雪のため〝開店休業状態〟となる。

この時期は冬眠明けのヒグマを獲るには絶好のシーズンである。二十歳で銃の免許を取るとすぐに赤石は、ヒグマ猟を始めた。当時は「春グマ駆除」の最盛期であったからだ。

「春グマ駆除」とは、一九六六年から一九九〇年まで北海道が実施していたヒグマの個体数減少策である。

その背景には戦後、北海道においては人口が急激に増加し、森林開発などが進んだ結果、生息圏を追われたヒグマによる家畜や人身への被害が相次いだことがある。

そこでクマの足跡を追いやすい残雪期に冬眠明けのクマを集中的に捕獲することで、この被害を減らす施策として「春グマ駆除」が認められていたのである。

一頭捕獲するごとに自治体から奨励金が支払われ、当時はヒグマの毛皮や胆嚢《くまのい》（熊胆）が高く売れたため、ハンターにとっても経済的な恩恵の大きな制度であった。

結果、春グマ駆除によりヒグマの個体数は激減し、一部の地域では絶滅が危惧されるほどになった。そのため北海道はヒグマ対策の方針を「絶滅から共存へ」と百八十度転換し、一九九〇年に同制度を廃止することになる。だが、赤石が銃を持ち始めた約五十年前は、ヒグマを獲ることが自治体からも奨励されていた時代だったのである。

初めて銃を持った二十歳の秋、赤石は自宅裏の牧草地に現れたヒグマを早速獲っている。

「あれは親子連れのクマ。〝獲ってください〟と言わんばかりに俺の家の方に歩いてくるもんだから散弾銃で撃ってやったのさ。それが始まりだな」

以来、七十歳を超えた今に至るまで赤石がクマを獲らなかった年は一度もない。

赤石によると「（単独猟で）百二十頭以上獲ったところまではオレも記録していたんで確実だけど、それ以降は記録してないから（捕獲数は）わかんなくなったな」ということになる。

三〇〇ｍ先のシカを一発で

その赤石と私が知り合ったのは、私がまだ二十代の頃で、これも釣りを通じてだった。「電気屋さん」こと斉藤と赤石は、シーズンごとに釣り竿と銃を持ち替えて道東を駆け回る仲間で、私も赤石と中標津町の釣り具店でよく顔を合わせ、いつしか一緒に釣行するメンバーになっていた。そのころから赤石が卓越したハンターであり、春には多くのクマを獲る名人級の腕前であると徐々に知るようになる。

長身痩軀、口数はごく少なく、身のうちに静かな精気を漂わせているような雰囲気に最初は近寄り難い気もしたが、「シカ撃ちに行くから、お前、運転手すれ」と赤石に言われたのをきっかけに私は赤石と行動を共にするようになったのである。

年齢は赤石の方が十歳上である。

初めて同行した猟で目撃した赤石の凄さは昨日のことのように覚えている。

そもそも山を歩くスピードが尋常ではない。山の中ではまるで野生動物のようにしなやかに動く。そうかと思うとぴたりと止まり、はるか遠くを見つめている。

「ほれ、あそこにシカがいるべ」と言われても、私には何の変哲もない林しか見えない。

すると赤石は三〇〇ｍ先の林に向けて一発撃った。林に行ってみると、そこには立派な角を持ったエゾシカのオスが倒れていた。赤石は樹々や枝によって完全にカモフラージュされていたシカの角をしっかりと見分けていたのである。

とにかく猟となれば夜明け前に家を出て、日が暮れるまでずっと共に山野をかけめぐるような日々を過ごして、赤石正男というハンターの凄さがよくわかった。

ヒグマと山に関する豊富な知識、ヒグマの行動を完全に予測して追い詰める追跡技術、八百m先のヒグマを仕留める図抜けた射撃技術や運動神経……私が見た中で赤石の右に出るヒグマハンターはいなかった。

やがて赤石は重機オペレーターの仕事を辞め、羅臼で仲間たちと共にトド猟の船頭をするなどして生計を立てるようになる。そこで私は猟仲間たちと相談し〝現役最強のヒグマハンター〟である赤石を業務課長としてNPO法人に迎え入れたのである。

その意味では彼は日本では数少ない、給料をもらってクマやシカを撃つ「職業ハンター」のはしりでもあるのだ。NPOの業務課長として有害駆除の捕獲、檻での捕獲、生体捕獲、仲間との巻き狩りなどで捕獲したヒグマは二五〇頭を超える。これに単独猟で獲った一二〇頭を加えると、赤石のこれまでの捕獲実績は四〇〇頭近い数字となる。

私が銃を持たない理由

かくいう私は銃のライセンスを持っていない。

三十代前半の頃からエゾシカ猟のドライバーとして、赤石やその猟仲間といった超一流の

仕留めた四三〇kgのクマと赤石

ハンターたちと過ごしてきたので、道内外の仲間が集まるたびに「そろそろ銃を持ったらどうだ」と言われたものだが、頑なに持たなかった。

ひとつには、当時私はその仲間内で一番若かったので、もし銃を持てば、最も若い下っ端のハンターとなる。そうなると出猟した際には、私が一番先に藪の中に分け入っていく役目を仰せつかることになる。傍から見ていても、その役割はいかにもキツそうで、正直にいえば、自分がそれをやるのは気が進まなかったのである。

それでも過去に何度か銃を持とうと思ったこともある。だが妻からは賛同を得られなかった。

「ただでさえ朝から晩まで山を走り回って家に帰ってこないくせに、あんたまで銃を持ってどうするの？」

こう言われては返す言葉もない。

銃を持たない理由はもうひとつある。


銃を持たずにいると、かえって面白い光景に出会うことも多いのだ。


野生動物も殺気を感じないのか、私が待っている車の近くにはよく獲物が現れたし、また車で走っている最中に、ヒグマやエゾシカに出会うことも数多い。

銃を持っていないから、ハンターなら誰しもが持っている「自分の手で獲物を仕留めたい」という欲望とも無縁だ。結果的に私は仲間内で〝参謀役〟というポジションに収まったが、自分としては「銃を持たないハンター」のつもりでいる。

そんなわけで家に帰れば一男一女の父であるが、昔からクマ獲りにサケ釣りと家にじっとしていることがない。妻からは「鉄砲も無いのに熊獲りに行かなくてもいいっしょ」と呆れられるのだが、赤石たちと一緒にいると、普通の生活をしていたらまず経験することのないことばかり起こるので、どうにもこればかりは仕方ない。

珍しく家にいるときは、妻にはまったく頭が上がらない。

異例の要請

そういう我々であるから、二〇一九年七月十六日のオソベツ以来続いていたヒグマによる牛の連続殺傷事件の行方に興味を持っていたのは当然といえば当然なのだが、赤石が冒頭のごとく「何やってんだべな」と呟いたのには別の理由がある。

実は一連の事件が起こり始めて間もない八月十一日、私は赤石と長田雅裕（標津町農林課林政・自然環境係長）と共に標茶町の現場に入っていた。

最初の襲撃の後、八月五日と六日に立て続けに被害が出たタイミングで、標茶町役場からの「牛が襲撃された現場を見て欲しい」という要請を受けたのである。

これはかなり異例のことでもあった。

というのも、ヒグマの有害駆除というものは現場の自治体の委託を受けて地元の猟友会があたるのが普通だからだ。ただ標茶町の場合、過去にヒグマの有害駆除の実績がほとんどなかったため、我々がアドバイザー役を求められたのであろう。

この時点では、一連の襲撃が単独のクマによるものなのか、複数のクマによるものなのかさえ、はっきりとはわかっていなかった。

そして我々が標茶町に出向いた当日の朝、またも牛が襲撃されたのである。

第一章　二〇一九年・夏　襲撃の始まり

二〇一九年八月十一日の襲撃

国道二七二号線沿いにある中茶安別《なかちゃんべつ》の「セコマ（セイコーマート）」（北海道発祥のコンビニチェーン）の前で標茶町職員と合流すると、彼は意外なことを口にした。

「実は今朝も牛が襲われたんです」

本来であればこの日は、八月五日、六日に牛がヒグマに襲われた現場を見ることになっていたのだが、発生から間もない現場の方が足跡などの痕跡が残っている可能性は高い。そこで急遽、今朝被害があったという現場へと向かう。

現場は上茶安別西牧野付近の放牧地だった。現場に到着すると、推定体重三〇〇kgの黒毛和牛が傷ついて立っているのが目に飛び込んできた。

群れの先頭にいる牛なので、ボス的な存在なのかもしれない。その牛の前肩付近には血が滴るクマの爪痕がしっかりと残されている。

クマの襲撃を受けた牛の傷は、獣医の治療を受けて時間が経てば基本的には癒える。一方で傷はそれほど深くなくても息絶えてしまう牛もいる。襲われた精神的ショックが牛の生命力を奪ってしまうのである。

この時点では「本当にクマに襲われたのだろうか」と半信半疑だったのだが、現場周辺を探索してみると、いくつかのクマの足跡が発見できた。

この日は、簡単に過去の現場を確認するだけのつもりだったので、スケール（巻尺）を持参していなかった。実測はできなかったが、サイズはそれほど大きくない。赤石と話す。

「これ、どれくらいあるかな〜」

「たぶん一五cmから一六cmってとこだろ」

ヒグマの足跡からは、そのクマ自体の大きさがある程度まで判る。前足幅が一五cmを超えるということは、二〇〇kgを超える。大型の部類に入るクマということになる。

ちなみに後足の足跡からは、雌雄の判別が可能だ。後足の「かかと」が三角に尖っていればオス、丸みを帯びていればメスである。

この現場で見つけた足跡のかかとは三角状で、大きさは一五cmを超えているから、「体重二〇〇〜二三〇kgほどのオス」であると推定できた。

現場に残された足跡は、クマが放牧地の丘の頂上から沢へと降りてきたことを示していた。

丘の上から現れたクマは、中段にいた牛の群れを襲撃した後、沢の中に入り込み姿を消したものと思われた。

その沢からは、トドマツ林が二㎞ほど連なって雷別国有林へと続いており、そちらの方向に向かったのであろう。

すると、同行している標茶町職員に連絡が入った。

〈クマが檻に入った。小さめなのでたぶん、（牛を襲ったのとは）違うクマのようだ〉

そこで上茶安別の現場を後にして、ヒグマが檻で捕獲されたという場所へ回ることにした。


ヒグマが檻で捕獲されたのは、現場から車で走ること二十分のところにある標茶町オソベツだった。そう、〝最初の事件〟が起きた場所である。しかもクマが捕獲されたのは、最初の事件現場となった放牧地に設置された檻であった。

一般的に夏場の時期は、木々の葉が生い茂り見通しがきかないため、クマを銃で追跡するのは安全上、好ましくない。従って誘因餌（エサ）と捕獲檻を使用するのが北海道内では主流であり、最初の被害があった場所の周辺にも檻を設置していたのだろう。

檻の周囲では、数ヘクタールに及ぶデントコーン（飼料用トウモロコシ）の作付けが行われている。その背丈は、ゆうに我々の身長を超え、見通しはまったくきかない。

そのデントコーン畑の反対側の放牧地に置かれた檻の中に確かにクマが入っていた。すでに銃によって「トメ（とどめ）」を刺された後だった。

体重は八〇kgくらいだろうか。どう見ても先ほど現場検証した上茶安別の牧場で見つけた

〝犯人〟の足跡の持ち主としては、小さすぎる。

赤石は現場を見るなり「こんなやり方してたら、獲れないべや」と言った。

赤石がまず指摘したのは檻の設置場所の問題だった。

檻は開けた放牧地の真ん中にポツンと置かれていたのである。これだと実際に檻に入っていたような経験の浅い若グマならともかく、ちょっとでも警戒心の強いクマは近づきもしないはずだ。

捕獲檻の問題点

さらに問題なのは、檻が小さすぎることだった。

我々のNPOでは通常、幅九〇cm、奥行き三・三m、高さ九〇cmの檻を使用しているが、このとき標茶町で設置されていた檻は、幅一・五m、奥行き一・五m、高さ一・八mというサイズだった。

これでは檻の高さが高く、奥行きが短すぎる。捕獲檻を使用する場合、「クマを檻に入れる」だけではダメで「クマを檻の一番奥に誘い込む」ことが重要になるからだ。

オソベツの檻の奥側と左右には、捕まったクマが檻の外から中のエサをとろうと地面を掘り返した痕跡が何カ所もあった。これは一般的にクマがよく行う行動だが、それでもエサをとれなかった場合に、クマは仕方なく入口に身体を入れる。

そして体を伏せるようにして奥のエサへと精一杯手を伸ばすのだ。

今回捕まったような小さなクマであれば、奥まで手が届かないので、身体全部を檻の中に入れざるを得なくなり、その瞬間、入口の扉が閉まる。だが、これより大きいクマになると、身体の後ろ半分を檻の外に出したまま、手を伸ばせば奥のエサに届いてしまう。

仮に扉が作動したとしてもクマの身体の後ろ部分に引っかかるから、驚いたクマはそのまま後退《あとずさ》りし、逃げることができる。

そういう経験をしたクマがその後、檻に近寄ることはまずない。

体高一m、体長二mの成獣のクマだと、伏せて手足を伸ばしただけで三mになる。

だから檻の奥行は、最低でも三m以上は必要なのだ。

もっともこうしたことは、我々が赤石を中心として、これまで五十頭以上のヒグマを檻で捕獲してきた中で熟成させてきたノウハウであり、技術でもある。

標茶町のようにこれまでほとんど捕獲実績のない地域であれば、捕獲檻の使用に慣れていないのも無理はない。

聞けば、周囲のデントコーン畑では、このところ毎年のようにヒグマによる被害が多発しているという。農家の方もその食害は仕方ないと半ば諦めていたが、捕獲檻の置き方などを改善すれば、効果はあがるはずだ。

そこで我々は、捕獲作業終了後に標茶町役場の職員に対して檻の設置方法、檻の仕様、誘因餌の設置方法等を細かくアドバイスした。

前述した通り、標茶町に住んでいるわけではない我々はアドバイザーであり、連続襲撃事件を起こしたクマを追いかける立場にはない。あくまで部外者なのである。

地元の方々もはっきりとは言わないが、「こいつらは何しにきたんだ」という空気もなくはなかった。その時点で、標茶の鉄工所で大きな捕獲檻を新たに製作中だ、とも聞いたので、これ以上は我々の出る幕ではなかった。

帰りの車中では赤石と「本当に獲れるかね」「あのデントコーン畑だと視界がきかないのが厄介だな」などと話しながらも、「まあ、冬が来る前には獲れるだろう」という程度に考えていた。

「俺たちの言ったこと、聞いてくれたら獲れるべ」と赤石が呟いた。

ところがその後、いつまで経っても、「牛を襲っていたクマが獲れた」という話は聞こえてこず、それどころか以後も牛の襲撃は続いたのである。

いったい何がこのクマを〝牛殺し〟に駆り立てるのか——私なりに気にはなっていたが、部外者の立場では得られる情報も限られる。

それでも、我々が現場を見た限りでは相手はあくまで普通のクマのはずだった。

まさかそれから四年にわたり、このクマが人間の追跡の手を逃れ続け、やがて日本中を震撼させるほどの存在になろうとは、この時点では誰もわからなかった。

その名は「OSO18」

二〇二一年の秋になった。

牛を襲うヒグマが人間社会に姿を現してから、既に三年が経っていた。

その頃になると件《くだん》のヒグマには、最初の被害現場とされるオソベツという地名と、そこで測定された足跡の幅（一八cm）にちなんで「OSO18」（以下OSO）なるコードネームを冠せられるようになっていた。オソベツとはアイヌ語で「川尻に滝のある川」の意だ。北海道のヒグマ史において異名の付いたクマは、羽幌町で地元のハンターに捕獲された体重五〇〇kgの巨大グマ「北海太郎」と、この「OSO18」ぐらいのものだろう。

このOSO18による被害は、二〇一九年は二十八頭が襲われ、十二頭が死亡。二〇二〇年は五頭が襲われ、すべて死亡。二〇二一年は九月までに二十四頭が襲われ、九頭が死亡。つまり三年間で五十七頭が襲われ、そのうち二十六頭が死亡していた。いずれも現場に残された体毛のDNA鑑定や足跡などの痕跡から、OSOによる犯行と裏付けられた。

妻からは「なんで、あんたたち、あのクマ、獲りにいかないの？」と言われたが、「そんな簡単な話ではないよ。いろいろあるんだ」と答えるほかなかった。

そんなある日、我々のNPO法人「南知床・ヒグマ情報センター」の事務所に一本の電話が入った。

「一度、OSO18に関するご相談に伺いたい」

2021年までの被害状況			
発覚日	発覚場所	被害状況	DNA検査結果等
【R1(2019)年度】			
R1.7.16	標茶町下オソツベツ	1頭(死亡1頭)	DNA OSO
R1.8.5	標茶町新久著呂牧野	8頭(死亡4頭、負傷2頭、不明2頭)	
R1.8.6	標茶町上茶安別牧野	4頭(死亡3頭、負傷1頭)	
R1.8.11	標茶町上茶安別西牧野付近	5頭(負傷5頭)	DNA OSO
R1.8.15	標茶町上茶安別牧野	1頭(死亡1頭)	
R1.8.19	標茶町東国牧野	5頭(負傷5頭)	
R1.8.22	標茶町上茶安別共同牧野	1頭(死亡1頭)	
R1.8.26	標茶町阿歴内牧野	1頭(死亡1頭)	
R1.9.2	標茶町上茶安別西牧野付近	1頭(負傷1頭)	DNA OSO
R1.9.18	標茶町茶安別共和牧野	1頭(死亡1頭)	
計		28頭(死亡12頭、負傷14頭、不明2頭)	
【R2(2020)年度】			
R2.7.7	標茶町東阿歴内牧野	1頭(死亡)	DNA OSO
R2.8.14	標茶町沼幌	1頭(死亡)	DNA OSO
R2.9.3	標茶町阿歴内	1頭(死亡)	DNA OSO
R2.9.11	標茶町茶安別中央牧野	1頭(死亡)	DNA OSO
R2.9.27	標茶町東阿歴内牧野	1頭(死亡)	DNA OSO
計		5頭(死亡5頭)	
【R3(2021)年度】			
R3.6.24	標茶町東阿歴内牧野	3頭(死亡1頭、負傷2頭)	足跡
R3.7.1	標茶町茶安別共和牧野	6頭(負傷6頭)	
R3.7.11	標茶町茶安別	1頭(負傷1頭)	足跡
R3.7.16	厚岸町セタニウシ牧野	3頭(死亡3頭)	
R3.7.22	厚岸町片無去	1頭(死亡1頭)	DNA OSO
R3.7.30	標茶町多和	2頭(負傷2頭)	
R3.8.5	標茶町オソツベツ	1頭(死亡1頭)	足跡
R3.8.12	厚岸町セタニウシ農協牧場	4頭(死亡2頭、負傷2頭)	DNA OSO
R3.8.15	厚岸町大別	1頭(死亡1頭)	DNA OSO
R3.9.10	標茶町茶安別共和牧野	2頭(負傷2頭)	足跡
計		24頭(死亡9頭、負傷15頭)	

北海道庁 HP 掲載の被害状況（当時・現在は削除）をもとに作成

北海道釧路総合振興局・保健環境部環境生活課からの〝協力依頼〟であった。

それから一週間後の十月二十八日の午後一時過ぎ、我々の事務所に釧路総合振興局くらし・子育て担当部の井戸井毅部長以下三名が訪れた。

「ご存じの通り、ＯＳＯ18の捕獲が、なかなかうまく行かずに、標茶町、厚岸町さんが苦労しています。さらにここに来て被害が広域に拡大し始めており、町が個々に対応していくのは難しくなってきました。今後は我々振興局が音頭をとって、ＯＳＯ18対策会議を開く方向なので、アドバイザーとして『南知床』さんにも参加していただきたいのです」

そう口火を切ったのは井戸井部長だ。

当初、ＯＳＯによる襲撃は標茶町に集中していたが、三年目になると隣町の厚岸町にも被害が広がっていた。地元の自治体や猟友会も手を拱いていたわけではなかったが、もはや自治体レベルでの対応は不可能と北海道が判断したということである。

「もちろんです。まったく問題ありません」

「さすがに三年続くと、農家さんたちの方も限界が見えてきまして……」

そう語る井戸井らの表情にはこの三年、ＯＳＯに振り回された苦渋が滲んでいるように見えた。

もちろん我々にこの申し出を断る理由はなかった。

アドバイザー協力のための事務的な手続き上の打ち合わせが済んだところで、話題は「なぜＯＳＯを捕まえられないのか」という問題の核心に移った。

まず標茶町にしても厚岸町にしても、通常はヒグマが頻繁に出没する地域ではなく、地元にヒグマに詳しいハンターや専門家がいないことが、結果的にOSOを逃し続けることになったことは否めなかった。

また小さな町の役場では、マンパワー的にも限界があることも確かだった。

そこで北海道釧路総合振興局が主体となってOSO対策に乗り出したわけだが、実は襲撃が始まった当初に振興局長だった山口修司と私は旧知の仲である。

私がかつて道内の遊漁者の組織である社団法人北海道スポーツフィッシング協会（当時）の会長として北海道水産林務部と様々な遊漁関連の取り組みをしていた際に、道の側でその窓口となったのが山口だったのである。

実は「OSO18」というコードネームは、山口の「このクマに名前をつけよう」という発案で命名されたものだ。

私は以前から山口には「OSO対策で何か我々に手伝えることがあったら、遠慮なく」と伝えていた。今回の井戸井部長らの要請はそれを踏まえてのことであろう。

「結局、酪農家の方々が一番、困っているんですよね……。丹精こめて育てた牛たちをたった一晩で何頭もやられるばかりか、自分たちも危なくて牧場の見回りさえ、満足にできないわけですから」

もともと協力は惜しまないつもりだったが、打ち合わせの中で井戸井部長が漏らしたその一言で私たちの決意は固まった。

「ＯＳＯ18捕獲作戦」の第一歩である。

砂漠に落ちた一本の針

この手で必ずＯＳＯを捕まえてみせる——そう意気込んではみたものの、この時点で振興局から私たちに資料として渡されたのは、この三年間でＯＳＯが牛を襲った現場を撮影した写真と襲撃現場の地図のみである。

まずはこれだけの資料から始めて、徐々にＯＳＯの手がかりを探していくしかない。

標茶町一〇九九㎢、厚岸町七三五㎢。両町合わせて一八三四㎢というのは、東京二十三区の約三倍にあたる。その中から一頭のヒグマを探し出すのは、文字通り、砂漠に落ちた一本の針を探すような話だが、呆然としているわけにもいかない。

これまでの被害状況を見る限り、こうしている間にもＯＳＯはまたどこかで牛を襲うべく虎視眈々と狙っていることだけは確実だったからだ。

まずはＯＳＯに関する確固とした証拠、手がかりを一つでも多く集める必要がある。

ＯＳＯを捕獲するにあたり、メインとなるのは「巻き狩り」と言われる狩猟法になると私は考えていた。

狩猟の中には、大きく分けて単独猟とグループ猟がある。単独猟は狩猟者が一人で行うもので、例えば獲物の痕跡を追跡して追い詰めていく「忍び猟」がこれに当たる。

R3.6.24　標茶町阿歴内　被害状況

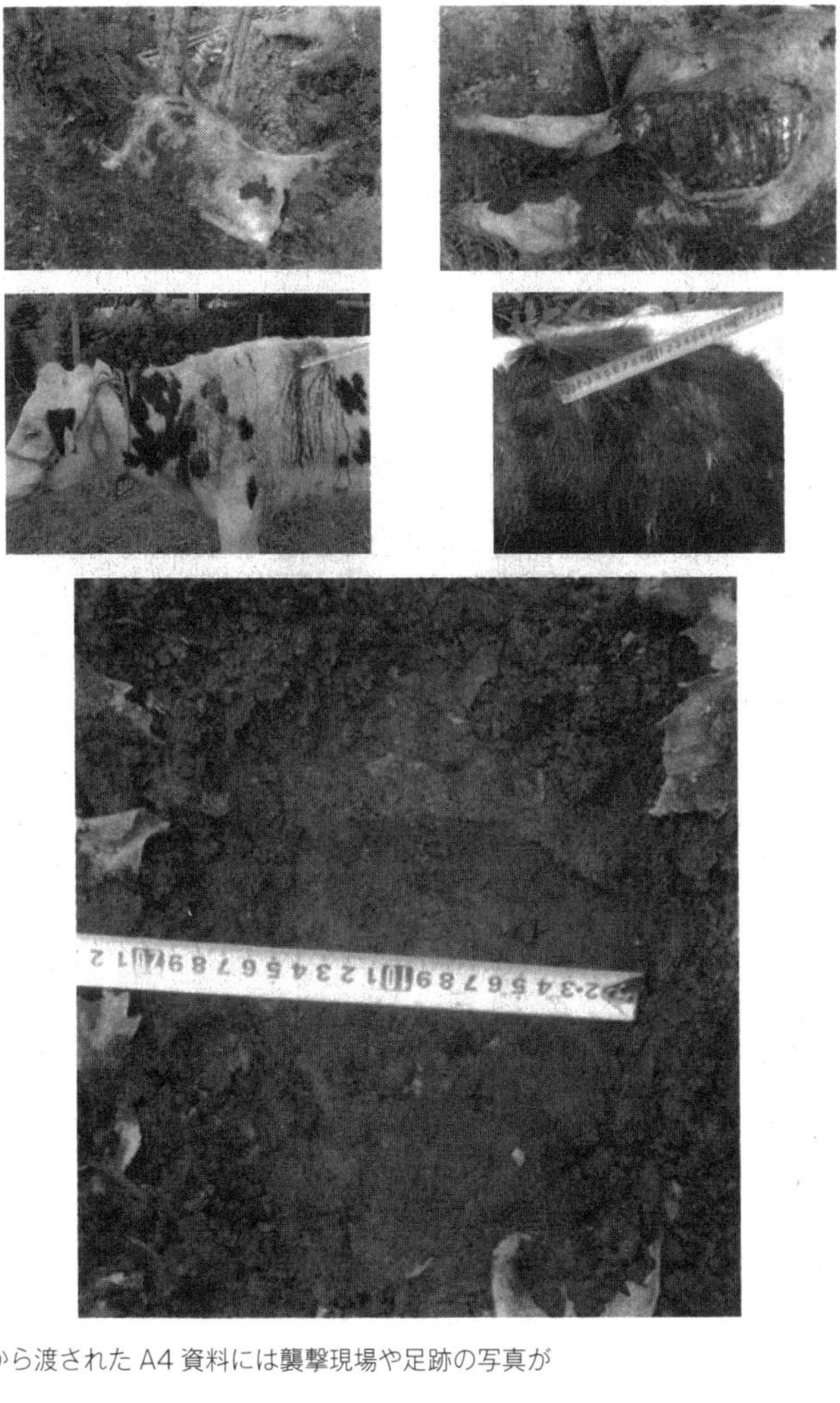

役場から渡されたA4資料には襲撃現場や足跡の写真が

対して複数人で行うのがグループ猟であり、その代表例が「巻き狩り」である。これは獲物が逃げていくであろうルートにあらかじめ〝待ち〟と呼ばれる射手を配しておき、そこへ向かって〝勢子《せこ》〟役が獲物を追い立てていく猟である。

時には、獲物を挟んで〝勢子〟と〝待ち〟が向かい合う形になることもある。

射手が狙う獲物の後ろには勢子がいるわけだから、一歩間違うと誤射の危険性もある。勢子と待ちの間の絶対的な信頼関係と意思統一が不可欠で、北海道広しといえど、巻き狩りを実践できるグループは実はそれほど多くはない。

その点、我々のNPOの中核メンバーはもう三十年以上も同じメンツで巻き狩りを行ってきた。この猟法で数えきれないほどの数のヒグマを獲っている。

たとえOSOが相手であっても、そのノウハウは通用するはずだ。

十一人のハンター

十一月中旬、私はNPOメンバーの中から選び抜いた十一人のハンターを招集した。

彼らは昔から一緒に「巻き狩り」をしてきたチームである。

その筆頭は赤石である。赤石が「筆頭」である理由を物語るシーンがある。

赤石と猟に出かけて、車で走っているときに、エゾシカを見つけて車を止めたことがあった。すると赤石が「これ、おかしいぞ」と言う。

「普通、車が来たらシカは車の方を見るはずなのに、あいつはこっちにケツ向けてる。後ろの藪の中を見てるな。他に気になるものがあるんだ。クマかな」

しばらく見ていると、果たして、シカの後ろの藪の中からヒグマが出てきて、赤石はこれをあっさり獲ってしまった。目がいいだけでなく、見ているところが違うのである。

かつて赤石の猟仲間の一人がこんなエピソードを語ったことがある。

「赤石と一緒に猟をしていて、二〇〇m先を全力疾走するエゾシカをヤツが撃ったことがあるんだ。銃声の直後にザーッと重いものが草の上を滑って笹藪の中に落ちていく音がして赤石に『どこ撃った？』って訊いたら『クビ』っていうんだけど、全力疾走しているシカですよ。『本当かよ？』とこっちはまだ半信半疑だった」

藪の中を確認すると、赤石の言葉通り、クビを一発で射貫かれたオスのエゾジカが絶命していたのである。

「オレにはかろうじて角の先しか見えなかったけど、赤石のイメージの中では、シカがどうやって笹籔を全力疾走で下っていくのか、その明確な映像が見えているとしか思えない。実際に目には見えていなくとも、その自分のイメージの中のシカを絶妙なタイミングで撃てば、実際にシカが倒れている。こんなことできるの、他にいないよ。なんせ冬眠しているヒグマを叩き起こして獲るヤツだからね（笑）。あいつの場合、山に残されたヒグマの足跡を見ただけで、『ああ、あのクマだな。だいたい何日後にあそこ通るな』ってわかる。一見ボーッとしているように見えるが、そのノウハウたるや凄まじいものがあるよ」

赤石は独身である。仮に家庭をもったところで四六時中、山や海へと出かけるのは目に見えているし、それが本人が望む生き方なのだからしょうがない。よく「わんぱく小僧がそのまま大人になったような」というが、まさにそういうタイプなのである。

副リーダー格は別海町・上風連《ふうれん》で酪農業を営む松田祐二である。

赤石とほぼ同時期から狩猟経験を積んできた松田については、普段ほとんど人を褒めることがない赤石が昔、「祐二は、すごい。匍匐前進してシカに近寄って行くんだ」と感心していたことがある。

当時はまだライフルではなく散弾銃を所持していた時代だ（銃刀法により、ライフル銃の所持には、原則として散弾銃を連続して十年以上所持することが必要）。

散弾銃の射程距離はライフルの三分の一程度しかない。これでシカを仕留めるには、射撃技術はもちろん、シカに気付かれずに近寄る技術が必要になる。

赤石は松田のその技術を高く買っていたのである。

その松田が猟に出かける時の〝相棒〟が、別海町尾岱沼《おだいとう》で漁業を営む上林芳勝である。上林は巻き狩りの際には連絡調整の役目を負うことが多い。

別海町からは藤巻成司も参加している。藤巻は道に詳しく、道東に張り巡らされた林道にも精通しているので、探索追跡にはもってこいの人材だ。

石狩市在住の関本知春は、かつて仕事の関係で標津や羅臼に住んでいたことがあり、赤石のチームで多くのクマを仕留めている。何事にも自分なりの主張のある「一言居士」であるが、腕は確かだ。

これまでのヒグマ捕獲頭数は、九十七頭になる。この関本は新得町に住んでいた頃に、デントコーン畑で何度もヒグマを捕獲している。ときには銃を構えてデントコーン畑に入ったところ「急にブッ飛んできた」（関本談）クマを間一髪で仕留めたこともある。

今回の襲撃現場となっている標茶、厚岸地区にはデントコーン畑が多いので、パトロールする上でも心強いメンバーである。

浜中町からは雪田敏二三、岩松邦英、宮崎貴生、釧路市から中武健が参加した。

雪田については武勇伝がある。二〇〇六年に浜中町でハンターがクマに襲われ死亡した事件で、雪田は討伐班としてこのクマを追っていた。その追跡の最中、体重二五〇kgを超すクマが討伐班に突如襲い掛かってきた。ベテランハンターでもパニックになってもおかしくない状況で、雪田は動じることなく至近距離からこのクマを撃ち、襲われたハンターを救っている。

岩松は、浜中町でエゾシカの解体と食肉の販売を行っている。祖父の代から三代続くハンターで、今は亡き父も歴戦のハンターだった。同じ浜中の宮崎、釧路の中武らとともに、赤石のチームに入ってヒグマやエゾシカの巻き狩りに何度も参加している。

岩松以下の面々はいわば若手として、ヒグマ猟の手解《てほど》きを受けている最中だ。

私と赤石が住む標津からは、前出の長田雅裕も参加している。長田は東京の大学に在学中から忠類川にサケ釣りに通い、標津の自然の魅力に触れた。カナダ留学を経て標津町の地域おこし協力隊に応募し、現在は標津町職員となっている。ヒグマやエゾシカ有害駆除の出動時には、赤石とコンビを組んで、対策に当たっている。

本来であれば、紀州犬の名犬「熊五郎」との名コンビで、赤石を超える四百頭近いヒグマの捕獲実績のある羅臼町の中川正裕にも加わってほしいところだったが、体調が思わしくないため、今回は招集を見送った。

加わって欲しかったメンバーはもう一人いる。私にヒグマのイロハを教えてくれた「電気屋さん」こと斉藤泰和である。彼の追跡技術は大きな力になったはずだが、残念ながら斉藤は二〇一八年に急性腎不全で急逝してしまっていた。

だが中川と斉藤を欠いても、日本でも指折りのヒグマ猟のエキスパートといえるメンツが勢ぞろいしたことは間違いない。

「内臓を喰っているのか」

十一月八日、NPOとして「OSO18」対策の初回会議が、行われた。

標津町内の「食事処しのだ」の二階に八名のメンバーが集まり、ラーメンや定食などの昼食をとりながら、手持ちの資料の精査から始めることになった。

まず誰もが口を揃えたのは、「我々の誰一人として現場を詳細に確認していない」ということである。裏を返せば、自分たちの目で現場を確認しないことには、現時点では何もわからないということだ。

被害現場の写真を見ながら松田が「本当にクマなのか？」と呟くと、隣にいた上林も「なんで骨だけになってるんだ？　普通、埋めるのにな」と首を捻る。

「時間も相当経ってるな。肉と内臓だけ食べて、骨を残して……鳥が食ったみたいだな」

通常、ヒグマが動物を食害する場合は、肉のみならず骨まで綺麗にかみ砕いて食べてしまうものだが、ＯＳＯの場合は内臓と肉だけを食べ、骨は残っていたのである。

これは何を意味しているのか。

さらにメンバーの疑問は、ＯＳＯ18の名前の由来となった足跡にも向けられた。

「これだって本当に一八cmなのかね。自分で測らないと何とも……」

ＮＰＯの事務局長（当時・現在は理事長）の黒渕澄夫が指摘する。黒渕は埼玉県で教員として勤めていたが、道東の大自然に魅了されて移住を決意、現在は中標津の開陽台に居を構え、ハンティングとフィッシングに明け暮れている。

「本当に一八cmだとすると、小さく見積もっても、三五〇kgは楽に超えるクマということになるぞ」と松田。

ここまで皆が足跡の大きさにこだわるのには理由がある。

「足跡を測る」と一口にいっても、それはなかなか簡単なことではないからだ。

足跡の幅は通常、前脚幅で測るが、四本足で歩くクマの場合、前脚の足跡の上に後脚の足跡が重なっていることが多い。それだと前脚だけの正確な幅を測ることは難しい。

あるいは足跡がつけられてから時間が経つほどに、雨が降ったりして、足跡の縁が崩れてしまい、実際の大きさよりも大きくなる。

〈つけられて間もない前脚だけの足跡〉を見つけることがまず難しいのである。

伝えられている足跡の数字を信じるならば、この時点でＯＳＯ18のプロファイリングは、〈単独のオス、体長二・二m前後、体重四〇〇kg前後の大型のヒグマ〉ということになる。

だが、自分たちの手で測った数字ではないのでどうにも腑に落ちないのだ。

最後に松田がこう言った。

「俺も農家だ。牛がやられるのを黙って見ている訳にはいかないよな。これは他人事でないな……」

何が何でも「砂漠に落ちた一本の針」を見つけなければ、被害は拡大し続けるだろう。

第二章　二〇二一年・秋　追跡開始

二〇二一年八月五日、私と赤石はＯＳＯ18が最初に牛を襲った現場を訪れていた。私たちの住む標津町から車で一時間ほどの距離にある標茶町のオソベツ地区にあるＴ牧場である。

この時点で既にＯＳＯは四十九頭の牛を手にかけていたが、〝連続殺人鬼《シリアルキラー》〟というものは、その後の連続犯行を決定づける要素を、最初の事件現場に残しているものだ。

そういう目で改めてＯＳＯによる最初の犯行がいかにして行われたかを検証してみようと考えたのである。

最初の襲撃を検証する

ＯＳＯ18が初めて牛を襲ったことが確認された日、つまり二〇一九年七月十六日、標茶町のある釧路地方の天気は曇りだった。日中の気温は二〇度に届かなかったが、湿度は九〇％

近く、ジメジメとした日だった。

この日、T牧場の牧場主の息子であるAさんは、夕方になっても戻らない乳牛がいるのに気づき、牧草地を探し回っていた。

高台になった放牧地から沢筋へと降りていく途中にある茂みに入ろうとしたときのことだ。地面に落ちていた枝に躓《つまず》き、小さく声をあげた瞬間、茂みの中から黒い塊が飛び出した。それは一目散に沢筋を駆け下り、あっという間に姿を消した。牛ほどの大きさのクマだった。

呆然としながらクマの飛び出してきた茂みを覗くと、牛の死骸が横たわっていた。

これが最初の事件が発覚したときの状況であり、OSOの唯一の目撃情報である。

間一髪だったと思われることがある。

それは第一発見者のAさんが偶然にもOSOよりも物理的に高い位置にいたという点だ。クマには自分より高い位置にいる相手に対しては、攻撃を躊躇する習性がある。逆に相手が自分よりも下にいる場合は、積極的に向かっていくことが多い。

もしAさんが下からOSOの潜む茂みに向かっていたら、襲われていた可能性が高いだろう。

一方で赤石は現場を見ながら、こんなことを言った。

「この距離で襲われなかったということは、結構ビビりのクマかもしれねえな」

クマは獲物を食べている最中に近づいてくる人間があれば、獲物を守るために人間を襲うことが多いからだ。確かにOSOの性格として人間を避ける〝ビビり〟の傾向があるのかもしれない。

牛の死骸を見つけた場所は、沢筋の中段付近。死骸のすぐ横には太い風倒木があり、クマは、この陰に自分の獲物となった牛を隠そうとしていた。そこへAさんが来たのだろう。

死角の多い土地

私と赤石とでその場所を確認したところ、ＯＳＯが獲物に周囲の土や木の葉をかけて隠そうとした痕跡が残されていた。

これは一般にクマの「土饅頭《どまんじゅう》」と呼ばれるもので、クマは自分が食料と看做したものを土に埋め、その上から草や葉をかけて隠しておき、また時間を置いて食べる習性がある。従って、ＯＳＯはいたずらに牛を襲ったのではなく、食料と看做していることがわかる。

一方で写真で見る限りでは、襲撃された牛は死後硬直が始まっており、死後、時間が経っているような印象を受けた。夜間に別の場所でクマに襲われ、この沢筋まで持ってきた可能性もありそうだ。

クマはこの場で牛を殺したのか、それとも殺した後で引っ張ってきたのか、あるいは生きている牛を引っ張ってきたのか——せめて当日の現場を我々が検証できていれば、そのあたりがもう少し明確になるのに、と、もどかしい思いがこみ上げてくる。

事件発生から時間が経つにつれて、現場からは色々な物的証拠が消えていってしまう。

だから我々は通常、ヒグマの目撃情報から三十分以内の「現着（現地到着）」をモットーにしている。早ければ早いほど、正確な足跡がみつかりやすいし、草木の状態から、どこからどこへ向かって移動したのかという情報を手に入れることができるからだ。

捕獲するためには、そのクマの移動経路を明らかにする必要があるのだが、この土地では移動経路の特定自体、難航しそうだった。

現場に着くまでの車窓の景色を見ながら気になっていたのだが、私や赤石が住んでいる標津と違って標茶の地形は起伏に富んでいる。牧草地でありながら、まるで登山をしているかのような傾斜地さえ存在する。これは、牧草地の中に数多くの「死角」が存在することを意味する。唯一、起伏がなく平坦な場所である釧路湿原にしても、ヨシが密生しており、違う意味での「死角」を作り出している。

こういう土地で一匹のヒグマを探し出すことの困難さを改めて痛感する。

ＯＳＯ18をめぐる大きな「謎」

〈ＯＳＯ18　捕獲対応推進本部会議〉

十一月十六日、標茶町開発センターの大会議室の入口ドアの脇に、そう書かれた紙が掲げられた。

この会議は先日、我々のＮＰＯ事務所を訪れた釧路総合振興局の井戸井らの呼び掛けによるもので、牛の連続殺傷事件に対する広域的な体制作りと捕獲に向けての方向性を探る重要な会議であった。

集められたマスク姿の男たちは、テーブルの上の資料をめくったり、腕組みして目を閉じたり、思い思いの格好で会議が始まるのを待っていた。

出席者はＯＳＯによる被害が集中している標茶町と厚岸町の役場関係者と、両町の猟友会や農協の関係者が中心である。

さらにオブザーバー（助言者）として、公益財団法人「知床財団」から石名坂豪、「ヒグマの会」から山中正実、独立行政法人「北海道立総合研究機構」自然環境部から釣賀一二三という日本におけるヒグマ問題のスペシャリストたちも出席している。ＮＰＯ法人「南知床・ヒグマ情報センター」からは私と、事務局長の黒渕、赤石が参加した。

まだ新型コロナウイルスが猛威を振るっている中で、慎重に「三密対策」をとりながら、これだけの人数が一堂に集められたところに事態の深刻さが表れている。

従来のヒグマ対策は、被害のあった自治体が中心となって、それぞれの地区での捕獲を試みていたが、この会議では、関係機関が横断的に一体となり、ＯＳＯ捕獲に向けた取り組みをしていくことが前提となっている。

会議冒頭では、標茶町の宮澤匠係長と厚岸町の古賀栄哲係長から過去の被害現場、また実施してきた捕獲の取組みが報告された。

ここで報告された情報のポイントは大まかにいって以下の二点だった。
・ＯＳＯ18は常に移動しながら、次から次へと場所を変えて襲撃をしている。そのため捕獲

が難航している。

・死亡した牛と同じくらい負傷した牛がいる。つまり「死亡率」は半分程度である。

この二点目については私も気になっていた。

例えば二〇二一年七月一日、標茶町茶安別の牧野で六頭の牛が襲われたケースでは、牛はいずれも負傷したものの、一頭も死んでいない。また食害の痕跡もなかった。

食べるために牛を殺すのなら、まだわかる。だが、襲っておいて食べていないのは、なぜなのか。襲われた牧場の関係者の中には「まるでハンティングを楽しんでいるようだ」という感想を漏らした方もいたが、そんなクマはこれまで聞いたこともない。

なぜ牛を襲ったのに、食べていないのか——これはひとつ「大きな謎」だった。

捕獲檻で逃げられていた

一方で私がもっとも気になったのは、「襲撃初期の段階でOSOらしきクマを捕獲檻で捕らえかけたが逃げられた可能性が高い」という標茶町からの報告である。

私たちが二〇一九年八月、襲撃初期の段階で標茶町役場からの要請で、現地に入り、捕獲檻の設置法などについてアドバイスしたことは既に述べた。

そのときは見せてもらった檻の奥行きが短すぎるので、奥行きをもっと長くした方がいいと伝えたつもりだったが、改善はされていなかったのかもしれない。

この最初の捕獲檻で逃がしてしまったことは正直痛かった。学習能力が高いヒグマは、一度でも危険な目にあった場所やものには決して近づかない。これは過去に我々が幾度となく行ってきたヒグマの生体捕獲によって、身をもって実感させられたことでもある。

今後、ＯＳＯが捕獲檻に近づくことはあっても、中に入ることはしないだろう。かといって標茶町や厚岸町を責めることはできない。実際、彼らは何とかＯＳＯを捕獲檻に入れようと、誘因餌を変えたり捕獲檻の設置する場所を増やしたりと試行錯誤をしていたからだ。

何よりも今回の現場となっている標茶、厚岸両町は昭和四十年代の時点では、日本のクマ研究の第一人者として知られる梶光一農学博士（東京農工大学名誉教授）が〈ヒグマの生息数が極端に少なく、絶滅に近い地域〉と論文で記したほど、ヒグマの出没が少ない地域だった。

だが、その後、酪農の大規模化による農地の拡大、植林した森林の復活、釧路湿原の立ち入り制限等が影響し、四十年の歳月をかけて、この地区のヒグマは再び増加に転じた経緯がある。そういう現実がある以上、人間の側も対策を変えるしかない。

会議の中で私からは「ハンターが入ることが出来ない場所を探す」ことを提案した。この時点で私の脳裏には標茶町東部に広がる広大な森、通称「パイロットフォレスト」が浮かんでいた。この森は林野庁北海道根訓西部森林管理署が所有しており、林業作業が多く行われているために狩猟期間中は、立ち入りを制限されている区域が多い。傍らには別寒辺《べかんべ》牛川《うし》が流れ、周囲を湿原で囲われているため、そもそも人の立ち入りが難しい。

広大な森と人間が立ち入ることを禁じられている湿原……ヒグマにとっては最高のロケーションが揃っている。ＯＳＯが潜んでいるとしたら、あそこではないのか。

会議後に、井戸井からの提案で、関係する部署でのグループＬＩＮＥが立ち上がった。便利な時代になったものだ、としみじみ思う。

こうした実務者レベルでのグループＬＩＮＥは、メンバー間のリアルタイムな情報共有で即応態勢をとれることに加えて、役場に対する要請や調整依頼などもこのＬＩＮＥ上での事務連絡で迅速に対応できるという強みがあり、後々、この機能が最大限活かされていくことになる。

「ＯＳＯ18特別対策班」発足

釧路総合振興局と相談した結果、この初回の「ＯＳＯ18対策本部会議」においては、我々のＮＰＯが捕獲作戦を展開していくことは、当面公表しないことにした。

というのも、この会議には多くのメディア関係者が取材にやってくるはずで、彼らが〈ＯＳＯ捕獲大作戦！〉という切り口で煽りたてるような報道をすることは目に見えていたからだ。

そうでなくともＯＳＯの襲撃が始まってから三年が経つ間に、メディアにおいては〈怪物ヒグマ〉〈忍者グマ〉〈連続で牛を襲う猟奇的な態〉〈牛を引き裂く巨大クマ〉といったセンセーショナルな異名が溢れていた。

これ以上、報道が過熱するとＯＳＯの実態を見誤るばかりでなく、実際に捕獲作戦を展開する上でも実害が生じてくる可能性が高かった。

だから当初は我々の捕獲チームを指す名称も存在しなかった。だが実際に探索を始めるにあたり関係機関からの様々な許可を得るため、また例のグループＬＩＮＥ上で呼びやすい名称ということで「ＯＳＯ18特別対策班」と名乗ることになったのである。

当初、対策班は前出の十一名でスタートした。

初回の会議を終えた後は、まずＯＳＯに関するこれまでの情報の洗い直しと新たな情報収集に専念することにした。

ＯＳＯの足跡か？

〈厚岸糸魚沢林道で一八㎝近いヒグマの足跡を発見した〉

雪が降り、足跡を追えるようになった二〇二一年十二月初旬、対策班メンバーの松田からグループＬＩＮＥに一報が入った。

この時期、松田は相棒の上林とエゾシカ猟に出るのが常だった。

コンビで三十年以上も猟を続けている二人が、エゾシカ猟で通いなれた道路で発見したヒグマの足跡を見間違うことはまずあり得ない。LINEで届いた写真には、松田の足と一緒にクマの足跡が写っていた。

その場所は、OSOが牛を襲撃した現場からは離れたところにあるが、OSOが潜んでいるのでは、と私が睨んでいた「パイロットフォレスト」とは、別寒辺牛川を挟んで直線上に位置している。この足跡がOSOのものである可能性は十分にあった。

林道の両サイドにある沢筋は、鳥獣保護区に指定されており、銃を携行して確認に入ることが出来ない場所だった。やむを得ず付近の林道を数日間にわたって探索したが、クマが再び林道を横切った形跡は見つけられなかった。

松田の足とクマの足跡の比較

この最初に見つけた足跡は、冬眠間近の十二月に入ってからつけられたものだ。
面白いもので、クマは根雪（降り積もって、そのままとけずに冬を越す雪）が降る直前に山へと向かい、冬眠穴に籠る。穴へと続く自分の足跡を雪が覆い隠してくれるタイミングをよくわかっているのだ。
ちなみにオスの穴は南斜面、メスの穴は北斜面にあることが多い。当然ながら南斜面の方が雪は早く融けるので、それだけ早く冬眠から目覚めることになる。オスの方がメスよりも早く活動を始めるわけだ。

冬眠穴は、以前、自分が掘った物を使う場合もあるし、新しく掘りあげることもある。

今回、松田が見つけた足跡についていえば、冬眠間近の十二月に入ってからつけられたものではあるが、そのまま冬眠してしまった可能性も否定できない。いずれにしろ春になって冬眠穴から出てきたこのクマは、必ずまたこの近くを通るはずだ。

とにかく現状、ＯＳＯがどこに居るのか見当もつかないのである。どんな小さな手がかりでも見逃すわけにはいかない。まずはこの地区を調べる必要があるだろう。

冬眠穴はどこにある？

「ＯＳＯの冬眠穴はどこにあるのか？」

これは考えてみる価値のある問題だった。

過去に我々が生体捕獲しＧＰＳで調査した殆どのクマは、活動区域と冬眠場所が離れていた。だからＯＳＯにしても襲撃現場となった標茶町や厚岸町近辺で冬眠している可能性は低いように思われた。

冬眠場所には、いくつかの条件が存在する。

まず「静かな森」であること。「人が近づけない場所」であること。そして「ある程度標高のある場所」であること。なぜかクマは標高の低い場所では冬眠しないのである。

この時点で私は、標茶、厚岸を取り囲むように点在する五カ所を、冬眠穴がある可能性の

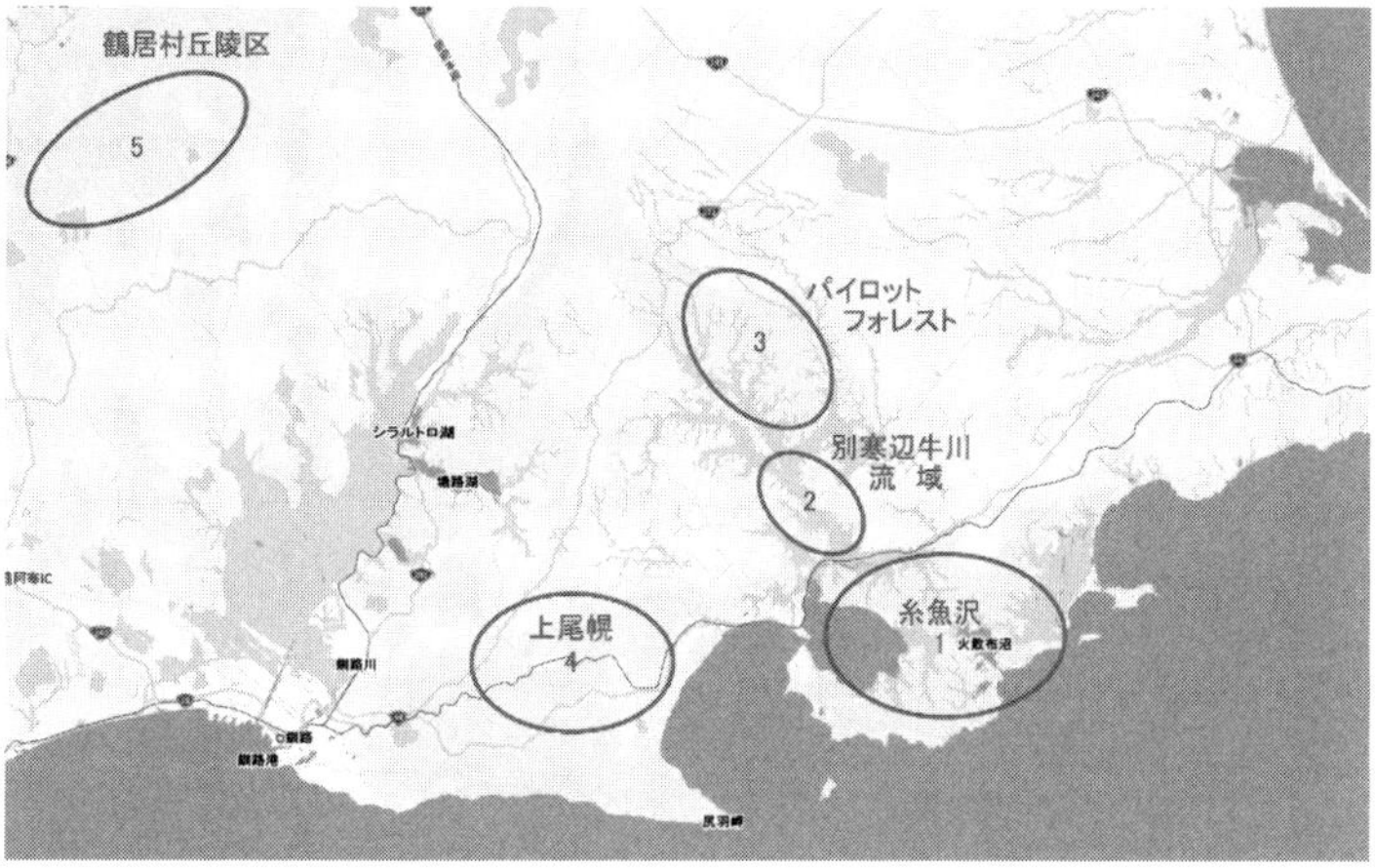

冬眠穴がある可能性の高いポイント　Google Earth

高いポイントとして挙げていた。すなわち厚岸町糸魚沢地区、別寒辺牛川沿い地区、標茶町パイロットフォレスト、鶴居村丘陵区、厚岸町上尾幌地区だ。

松田が足跡を発見した糸魚沢は、エゾシカ猟の「巻き狩り」メンバーが毎年のように通う猟場の一つでもあり、右の冬眠の条件を満たしている。

だが、この場所を探索するには、クリアしなければならない問題がある。前述した通り、この地域は、厚岸霧多布昆布森国定公園に指定されており、公園内における銃の所持や有害獣の駆除の許可などが必要になる。逆に言えば、その許可さえ出れば、今まで法律の壁に阻まれて十分に探索できなかった沢の奥を、確認することが可能になる。

いずれにしろ本格的な探索は年が明けた二〇二二年の二月から行う予定だった。

冬眠から目覚めたクマが活動し始め、しかもまだ雪が残っているために足跡を追える三月がＯＳＯ捕獲の最大のチャンスと見ていたからだ。

第三章　二〇二二年・残雪期　知られざる襲撃

ＮＨＫ取材班との出会い

年が明けて二〇二二年一月、一人の若者が標津町のＮＰＯの事務所を訪ねてきた。

彼の名前は有元優喜。ＮＨＫ札幌放送局のディレクターで、ＯＳＯ18で番組を作りたいのだという。

まだ二十代だという有元は、テレビマンにしてはずいぶんとスタイリッシュな感じがするイケメンで背は高いが、腰の低い好青年という印象を受けた。

その語り口は、年のわりにやけに落ち着いている。

「ＯＳＯを追う藤本さんたちのチームに密着したいんです」

このときはまだ我々のＮＰＯがＯＳＯの捕獲に関わっていることは公表されていない。

「誰にうちらのこと聞いてきたの？」と尋ねると「標茶付近の農家さんやハンターさんに、『あの人たちならＯＳＯを獲るかも知れない』と教えられたんです」という。

ただ「密着したい」と言われても、ＯＳＯについては現状、わからないことが多すぎる。というより、何一つわかってないと言ってもいい。

何よりもヒグマ捕獲の同行取材には、命の危険さえ伴う。私はこう応じた。

「簡単に『密着』というけれど、それは今のところ難しいな。だってオレたち、有元さんの命の保証、できねえぞ」

密着ができるかはともかく、取材協力の申し出自体は受けることにした。

この広大な土地を四年間も人間の手から逃れ続けてきた一頭のヒグマを捕まえる前代未聞のプロジェクトを第三者の手で記録に残しておくことは、意味があるように思えたからだ。

有元にはこの事業が我々のＮＰＯが北海道から委託されたものであることを説明したうえで、道からも取材の許可を得るように伝えた。

もう一人、有元と一緒に番組を作っているディレクターがいた。

有元の先輩格のディレクターである山森英輔だ。どこか直感的に動く有元と違い、山森の質問は常に理詰めで来る。山森は地元の農家を集中的に取材して回っていた。

彼らＮＨＫ取材班とは、途中、紆余曲折がありながらも、ここから一年半に亘り、付き合っていくことになる。

対策班出陣

二月六日、午前八時半。別海町にある松田の牧場にハイラックスＷＰ（トヨタのピックアップトラック）が集まってきた。

「ＯＳＯ18特別対策班」にとって、この日がＯＳＯの捜索初日である。

対策班メンバーは、ほとんどがハイラックスＷＰに乗っている。圧倒的な走破性能で荒れた道や雪に強く、さらに広い荷台に仕留めた獲物を積むことができるからだ。

ガレージの中で薪ストーブを囲んで、作戦会議を行う。朝食はサクラマスの燻製である。

「去年の十二月にジュリーさん（松田のあだ名）が足跡見つけた糸魚沢を中心に探すべ」

赤石が口火を切る。メンバーたちの手元には地図が配られている。

「あの足跡は確実に一八㎝近かった。まずはそれを探すべし」と松田。

真冬のど真ん中だが、この時期でも我々は過去に糸魚沢地区でクマを何頭も獲っている。いきなりＯＳＯに出くわしてもおかしくはない。

「見つけたらすぐに獲っていいのか」

上林が誰もが一番気になっていることを口にする。

私は「まずは足跡を探して、一八㎝であれば振興局と打ち合わせをしてから獲るよ」と応じた。

冬期間の森林帯ではあちこちで伐採作業を行っている。そのため危険防止の観点から、足跡を見つけた場合、振興局を通して監督官庁である森林局に連絡し、現場作業を一時中断した上で捕獲作業を行うことになっていた。

「すぐ追いかけられれば良いのにな〜」と上林は少し残念そうだ。

ストーブの薪が小さくなってきた。

「そろそろ行くか」。赤石の一言で二人一組になり、ハイラックスに乗り込んでいく。二人一組になるのは、ドライバーと助手席でそれぞれ右側と左側に目を配るためだ。

先頭は赤石で、助手席には黒渕が乗り込んでいる。車列は、松田の牧場から三十五分ほどの糸魚沢林道へと向かう。

糸魚沢林道は漁業者の軽トラなどが多く通るためか、しっかりと除雪されていた。

さらにこの林道は大谷地《おおやち》渡林道、神居岩《カムイワ》林道、トキタイ林道へと枝分かれしているため、それぞれの林道に車が分散していく。

だが、行けども行けども見つかるのはシカの足跡ばかりだ。とてつもない数である。

ヒグマ猟に熟練した者でなければ、クマの足跡と簡単に見分けはつかないだろう。

クマの足跡を探すにはコツがある。最初に、道路のすぐ脇ではなく、少し離れた場所に目をやるのだ。道路脇は野生動物が頻繁に行き来するので、仮にクマの足跡があっても、たちまちシカの足跡に消されてしまう。だから視線を少し遠くにやると、単独の大きい足跡を見つけやすい。

時速一〇㎞に満たない速度で林道を辿り、怪しい痕跡があった場合は、車から降りて丹念に調べていくが、ほどなく集合場所としていた道道一一二三号線「岬と花の霧街道 展望台」に到着してしまった。

そこでいったん昼食として、「セコマ」で買い出ししたおにぎりを頬張る。

余談だが、このおにぎりは「ホットシェフ」と称される店内調理のコーナーで炊き立てのご飯を人の手で握っており、普通のコンビニおにぎりよりも大きくて美味い。冷めても美味しいので、対策班メンバーが山に入るときは、このおにぎりと魚肉ソーセージを持っていくのが「定番」だった（黒渕だけはパン派だったが）。

ちなみに私の〝推し〟おにぎりは、梅とたらこである。

昼食後、また来た道を反対方向から辿りながら帰る。来たときとは、右左が逆になるので、見落としを防げる。

結局、ＯＳＯ捜索初日は何の手がかりも得られなかったが、捜索はまだ始まったばかりだ。

誘導員の目撃情報

〈黒い大きなヒグマが道路を横断していた〉

二〇二二年二月十五日、そんな通報が標茶町役場に入った。

標茶町は、全町民と標茶町内の事業所に対して、ヒグマを見たら必ず役場に連絡するようお願いしたチラシを配布していた。

通報があった場所は、標茶町市街地からほど近い道道十四号線、厚岸標茶線の道路工事現場だった。この付近は以前、ＯＳＯが被害を出した上茶安別牧野に近く、今回も移動途中のＯＳＯが目撃されたとしても、おかしくはない。

ただ私の住む標津町からは八〇㎞以上離れているため、対策班メンバーでもっとも現場に近い浜中町在住の岩松に行ってもらうことにする。

岩松は前述した通り親子三代続くハンターという期待の若手である。

「岩さん、標茶でクマの目撃あったけど、行けるかい？」

「いいよ、すぐに出るわ」

浜中から現場までは車で四十分ほど。現場に到着した岩松から報告が入る。

クマを目撃したのは道路工事現場で働く誘導員であり、その誘導員のいる場所からヒグマが横断したと思われる場所までの距離は四〇〇ｍほどだという。

ただこの日は既に日没の時間も近く、岩松が見た限りではクマの痕跡などは確認できなかった。

「本当にクマなのかな」

翌日早朝、私と赤石、そして黒渕は標茶市街地のはずれにある「セコマ」の駐車場で対策班メンバーが集まってくるのを待っていた。

場合によってはそのまま追跡になる可能性がある。来れるメンバーには全員招集をかけていた。例によって「セコマ」でおにぎりやお茶を買い込み、態勢を整えておく。

ほどなく別海の松田、上林のコンビが到着する。

やがて関本の愛車、ランドクルーザー70トラックが駐車場に滑り込んできた。

関本は七十四歳になる超ベテランハンターだが、札幌からはるばるOSOの探索に参加してくれている。六時間の長距離運転をしてきた疲れも見せないスーパーマンである。

「本当にクマなのかな」と松田。赤石は「見てみないと、なんとも言えんな」。

車三台で昨日の目撃現場へと向かう。

「林道見てくるぞ」と松田から連絡が入る。

メンバーは道道沿いと林道の二手に分かれた。

目撃情報のあった道道にクマが来たとすれば、周囲の町道や林道を横断する可能性があるからだ。まず横断場所を探すのは、ヒグマ追跡の常套手段でもある。

目撃現場に向かうと、まだ工事中だった。そこにいた誘導員に声をかけると、まさに通報した本人だったので詳しく情報を聞き取る。

その証言に従って、道路を横断したと思しき場所を中心に、スキーやスノーシューを履いて周囲二㎞を詳細に調べたが、ヒグマの足跡はなく、発見したのはエゾシカの足跡だけだった。

最終的に今回の目撃は、大型のエゾシカをヒグマと見間違えたとの判断に至った。

エゾシカは個体によっては真っ黒に近いものもあり、日常的にヒグマを見慣れた人でない限り、見間違いは往々にして起こる。シカならまだましな方で、場合によっては犬や人間をクマと見間違うケースもある。

目撃された場所は私が予測していたＯＳＯの行動範囲内であったので、ひそかに期待していたが、これはばかりはしょうがない。

たとえ結果的に〝ハズレ〟であっても、数少ない情報をしっかりと潰していくことが、この広大な土地で一頭のヒグマを見つけるためには不可欠な工程である。

そのことをよくわかっているから、遠路はるばる札幌から駆け付けた関本を含めて、空振りの結果に文句を言うメンバーはいなかった。

残雪期の探索スタート

松田が獲ったエゾシカのスペアリブが焼けるいい匂いがガレージに立ち込めていた。ストーブの上で、赤石が獲ったクマ肉を放り込んだ「熊鍋」もぐつぐつと煮えている。さらに上林が持ってきた野付半島産のジャンボホタテも炙られて、口を開けた。

この日、松田の牧場の倉庫になっているＤ型ハウスでは、ストーブを囲んで総勢八名の「特別対策班」の面々が朝のミーティングを行っていた。

このミーティングはメンバーの朝食も兼ねていて、毎回、朝食にしてはボリューム満点で豪華な山海の幸が並ぶのだ。

二月に入ると、気の早いクマの中には、冬眠から目覚めて穴から出てくるヤツもいる。

そこで我々も二月の第一週の土曜日からＯＳＯの探索をスタートさせていた。対策班の面々も普段は本業があるので、探索は土日を中心に行うことになる。

探索にあたり、私はOSOの被害が集中している標茶町、厚岸町を中心にしたエリアの中からヒグマが好みそうな森林帯を五カ所リストアップしていた。

別海町にある松田の牧場を「前線基地」として、その日に集まれる者が集まって、リストの森林帯を、ひとつずつローラーをかけるように探索していく作戦である。

ミーティングでは今日探すエリアの地図を見ながら、誰と誰がセットになってどのエリアを探索するかを決めていく。それなりに込み入った内容の打ち合わせなのだが、阿吽《あうん》の呼吸で物事が決まっていくのは、長年のチームワークの成果である。

贅沢な朝ごはん

この日の探索エリアは、厚岸湾と並行して走る糸魚沢林道だった。

一八㎝のヒグマの足跡

実はこの前日の二月二十五日、釧路総合振興局森林室の担当者から〈糸魚沢林道でヒグマの足跡を発見。大きさは一八cm前後と思われる〉という有力情報が寄せられていた。

この一報から四十分後には松田が現場に入り、その足跡を精査した。松田によると「前足の跡を後足が踏みつけているのが多いな」とのことだった。

前述した通り、前足と後足の跡が重なると、大きさを推定するための正確な前足幅の測定は難しいのだが、クマが普通に歩いているときは、どうしても前足の跡を後足が踏みつける格好になることが多い。

ではクマが後足で踏みつけない前足跡を残すのはどういう場合かというと、向きを変える瞬間や立ち止まったときにほぼ限られている。いかにそういう足跡がレアであるか、おわかりいただけるだろう。

それでも対策班メンバーは現場の松田からグループLINEに送られてきた比較的、重なりが少ない足跡の写真を見ながら「一七cmから一八cmくらいかな」と〝見立て〟をする。が、百聞は一見にしかず、だ。

〈明日、足跡追うぞ〉

こうして対策班メンバーが松田の牧場に集まり、糸魚沢林道に入る前に豪華すぎる朝食をかき込んでいたわけである。

糸魚沢林道のある森は、北海道の釧路総合振興局が管轄する道有林である。この森を縦断する糸魚沢林道は、エゾシカ猟と林業作業のため、冬季間でも除雪が行われている。だから道路を横断するヒグマがいれば確実に足跡を追っていけるはずだ。

この日は単なる探索ではなく、追跡、そして捕獲が目標だ。糸魚沢は、いつも通う猟場でもあるが、今日は、その深く奥まで入り込む。

入念な打ち合わせと連絡体制を整えメンバーは松田の牧場を後にした。

クマの「止め足」

厚岸町糸魚沢。

アカエゾマツやトドマツの森が一面に広がるこの一帯は、エゾシカやヒグマにとって格好の越冬場所であり、多くの野生動物が生息している。

国道四十四号線の側にある駐車帯で釧路総合振興局の井戸井部長らと合流して、糸魚沢林道へ向かう。

林道に入り二km程進んだ地点に、通報されたその足跡はあった。

時間が経っているため、周辺の雪が融けて足跡が大きくなっている。見た目では一八cmを超えている感じだ。

井戸井部長とその場で協議の上、追跡を開始し、クマを現認した段階で捕獲する方向で体制を整える。

今回の猟法はグループで獲物を追う巻き狩りである。追跡班（以下、〝勢子〟）と待ち伏せ班（以下、〝待ち〟）の二手に分かれる。

〝勢子〟は、赤石、松田の二名。〝待ち〟は、上林、黒渕、岩松、宮崎、関本の四名だ。松田と赤石というグループきっての「腕利き」二人が、〝待ち〟（射手）ではなく、〝勢子〟を務めるのには理由がある。

〝勢子〟にはクマの痕跡を正確に追っていく追跡技術だけでなく、追い詰められたクマによる反撃に備える技量が求められるからだ。

例えば、クマは「止め足」を使う。

「止め足」とは、狩猟者に追いかけられたクマが自分の足跡を踏みながら一定の距離後退し、脇の草むらなど足跡のつかないところに跳んで、追跡者を攪乱する行動のことだ。

これを見破るのは、熟練のハンターといえど至難の業だ。

後退りしながら、クマは自分の足跡をぴったりなぞっていく。足跡を追ってきた追跡者にしてみれば、ある地点で突然足跡が「消えた」ようにしか見えない。

それでもクマを逃がすだけで済んだら、まだマシといえるかもしれない。

クマの中には脇に跳んだ後、草むらなどに隠れて、後から夢中で足跡を追ってくる追跡者を待ち受けて襲うケースもある。実際に過去多くのハンターがこの逆襲により命を落としたり、大けがを負っている。

「そのまま来てたら殺られてたぞ」

以前、赤石が若手ハンターと一緒にヒグマの足跡を追跡していたときのことだ。

赤石が「ちょっとそこで待ってろ」と若手ハンターを待たせて、脇の藪に踏み込んだことがある。

「足跡追いながら〝こいつ止め足切ったな〟とピンと来てさ。脇の藪に入ってしばらく進んだら、案の定、クマが自分の足跡をつけた道の方を向いて待ち構えているんだ」（赤石）

つまり追跡に気付いたクマが自分の足跡を偽装する止め足を使い、さらに追いかけてくる赤石らを襲うべく隠れていたのである。足跡を追ってくるはずの赤石が、突然、自分の後ろから現れたことにクマは驚き、怒りの咆哮をあげたというが、赤石はこれを難なく撃ち斃《たお》した。

すると「待ってろ」と言われたはずの若手ハンターが、後から夢中で足跡を追ってくるのが見えた。赤石は呆れたようにそのハンターにこう言った。

「おめ、それ止め足だぞ。そのまま来てたら殺られてたぞ」

その若手ハンターの顔から血の気が引いたことは言うまでもない。

だからこそ、勢子役はこうしたクマが仕掛ける〝罠〟を見破れる力量が必要なのだ。

糸魚沢林道では、勢子を務める赤石がクマの向かった方向を先読みして湿原方向に向かっ

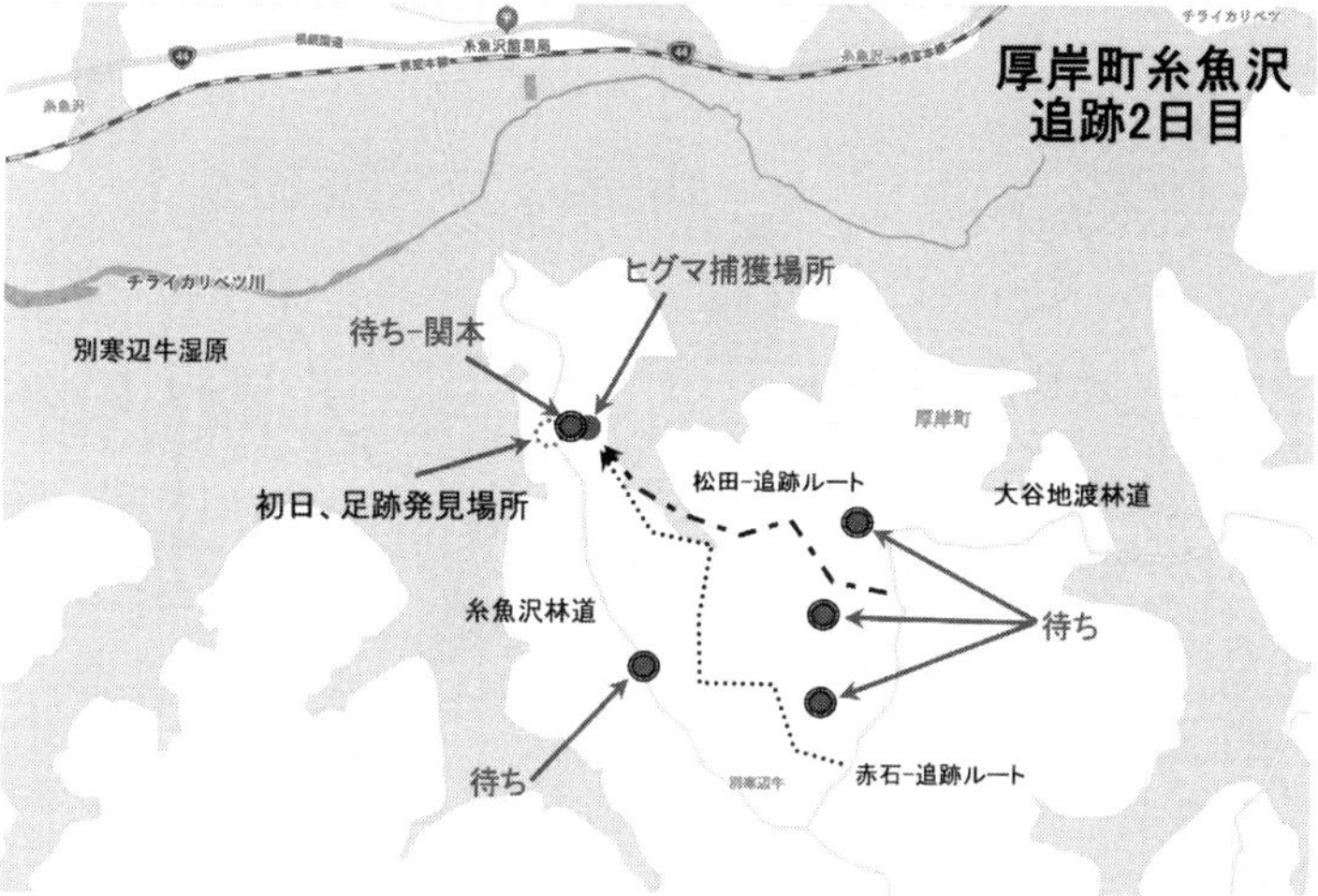

Google Earth

てアカエゾマツの林を進んで行く。

もう一方の勢子、松田も湿原の縁をなぞるように、足跡の主がいると思われる方向へと歩き出す。二名の勢子で〝挟み撃ち〟をする形で足跡を探すのだ。

その間、〝待ち〟は、五感のみならず第六感まで研ぎ澄ましてヒグマが現れるのをひたすら待ち構える。

足跡の主は、湿原へと向かっている。

「そっちさ、行ったみたいだ」

湿原に出た赤石から松田に連絡が入る。

すると松田は、湿原の縁で、ついさっき通ったと思われるクマの足跡を見つけた。

その足跡は、今度は赤石の方向に向かっていた。赤石と松田は足跡の主を挟み込む形で追っている。追跡を察知したのか、足跡の主は九十度方向を変え、トドマツ林の濃い所を目指してジグザグに進んでいる。

松田と赤石が合流し、目新しい足跡の追跡が始まった。

だが、ここで新たな難題に突き当たる。

新しいクマの足跡を無数のエゾシカの群れが踏み消してしまったのだ。残念極まりないが、こうなるとまた新たに足跡を探すしかない。

ただ、時間がない。追跡初日は、日没によりあえなくタイムアップを迎えた。

「ハルさん、どこ見てんのよ」

翌日、前日のメンバーで再度、追跡を再開する。

どこかに新しい足跡があるはずだ。見落とさないよう慎重に車を進めると——。

「あったぞ！」

昨日追跡したのと同一個体と見られる足跡を赤石が発見した。

ちょうど昨日、〝待ち〟の関本と岩松が構えていた場所の後ろ側である。さらに辺りを調べると、このクマは道路を横断して厚岸湾方面に向かったのだが、再度、道路を横断して戻ってきたことがわかった。

残念ながら、先頭を走っていた関本と岩松はこの足跡は見落としてしまっていたようだ。

「ハルさん（関本知春の通称）、どこ見てんのよ」と赤石が関本にチクリとやる。

この辺りはいつどこからクマが出てきてもおかしくない場所である。そのため関本らもクマの実物そのものを探してしまい、足跡の確認が二の次になったのだろう。

新たな足跡を追っていた赤石から連絡が入る。

「オレたちが車を降りた辺りに向かっているぞ」

車の周辺には、誰も配置していない。急いで車を降りた場所へ駆け付けると、クマは車の轍《わだち》を踏みつけ、道路を横断し、また反対側のトドマツ林に姿を消していた。

通ったばかりの泥のついた足跡の周りに全員が集まり、セコマのおにぎりなどの昼食をとりながら再度、作戦を考える。

いまはクマに主導権を握られている。勢子がクマを追うことで、こちらが主導権を取らないといけない。

375マグナムの第一射

〝待ち〟の配置を、もう一度、見直す。

クマが入って行ったトドマツ林を横から見える位置に黒渕、上林。その反対側に岩松が付く。

「ハルさん、道路を横断した最初の場所にクマ、戻ると思うから昨日の位置に付いたらどう？」

「そうするわ」

関本は昨日、クマの足跡を発見した位置に愛車のランクルを止め山に分け入って行く。

場所を確認し、赤石と松田が足跡の追跡を再開する。やはり足跡は、昨日クマが通った方向へと向かっている。そこには、関本が待っている。赤石が足跡の向きを判断する。

「ハルさんの方に行ってるぞ」

「了解……」

ほどなくして関本から小声で無線連絡が入る。

「来たぞ……」

追跡を開始して二時間、ついにクマが姿を見せたのだ。

関本からの距離は約二五〇m。クマはまっすぐ関本に向かってくる。

一五〇mまで迫った時、関本が375マグナムの第一射を放った。

弾は前胸部に命中したが、クマはすぐに倒れない。

前足で踏ん張り、辛うじて身体を支えている。

すかさず第二射を放つ。これも前胸部に命中。さすがのクマも雪原に崩れ落ちた。

OSO18ではなかった

赤石、松田、関本、岩松がクマの前で合流し、簡単な計測を行う。

雪原に残されていた足跡は一七〜一八cmだったが、このクマは一四・五cm、体重は一七八kgだった。

やはり雪原に残された足跡の主ではないようだ。これまで獲ったどのクマも、地面に残した足跡より実測が大きいクマはいなかった。実測は地面に残った足跡よりも一回り以上小さくなるのが常なのだ。

時間は午後三時を回り、もう少しで日暮れを迎える時間である。

空からは大粒の雪が降り始めていた。

沢の中に倒れたクマを引き上げるのがまた一苦労だ。

関本のランドクルーザーから四〇〇mのロープを取り出し、岩松と私とでクマが倒れている場所に向かう。トドマツを避けながら引き上げるのに最適なルートを探って沢を降りていく。湿地帯は無数の「ヤチボウズ（谷地坊主）」に覆われている。ヤチボウズとは、カブスゲやヒラギシスゲといったスゲ類が湿地帯で繁茂した株がまるで坊主頭のように見えることから、その名がついた。

そのヤチボウズに隠れるようにクマは倒れていた。それを大型のそりに載せると、引き上げが始まった。約三〇〇mの距離を、ゆっくりとロープがクマを引き上げていく。

赤石と関本が巧みにそりの向きを変え、ブッシュにロープがひっかからないようにする。

二十分後、ようやく関本のランドクルーザーまでクマを引き上げることができた。

念のため、釧路総合振興局を通じて、捕獲したクマのサンプルを「北海道立総合研究機構（道総研）」に送り、DNA鑑定をしてもらったが、やはりOSO18ではなかった。

関本にとっては、通算捕獲九十八頭目のクマとなった。

「いったい何頭のヒグマがいるんだ」

三月になり、雪融けによるタイムリミットが近づいてきていた。

よく「残雪期なら足跡が雪の上に残るからクマを追いかけやすい」と言われるのだが、ことはそう簡単ではない。

ほどよく気温が高く、雪が融け始めたところをクマが歩いてくれれば足跡が残るのだが、凍ってる雪上を歩かれたら残らない。また歩いたのが見晴らしの良い場所であれば比較的追いやすいが、藪の中に入られてしまったら、基本的に足跡は追えなくなる。

クマの追跡のスペシャリストである赤石でさえ「いろんな条件が揃って本当に足跡をとれる（追える）のは、（残雪期であっても）せいぜい一週間しかない」と語っている。

さらに今回の場合は、特定の一頭のクマの足跡をこの広大な土地の中から見つけ出すわけだから、探索の人手は一人でも多いに越したことはない。

捕獲したクマの引き上げ

そこで我々の対策班以外に、釧路総合振興局をはじめとする関係組織も総出の「人海戦術」でOSOの足跡を追うことになった。

足跡の探索を始めてみると、びっくりするほど多くのヒグマの足跡に遭遇した。

糸魚沢林道、神居岩林道、大谷地渡林道……至るところ、ヒグマの足跡だらけである。

「おい、またあったぞ！」

「この森には、いったい何頭のヒグマがいるんだ？」

何度も対策班のメンバー同士、顔を見合わせたものである。

こうして三月二十五日までの間に実に三十個体以上のクマの足跡を発見した。

そのうちOSOの前足幅とされる一八cmの大きさに近い三個体については、さらに足跡を追跡。糞や木の枝についた体毛などのサンプルを採取し、DNA鑑定により、OSOとの照合を行うことになった。

三頭の〝候補者〟の中にOSOがいることを願いながら、さらなる探索を続けていたが、いつまでも糸魚沢林道周辺だけを探しているわけにはいかない。既に湿原付近の林道は雪融けにより冠水している。

そこで三月二十七日を最後に糸魚沢林道での探索を切り上げて、次なる候補となる現場へ向かうこととする。

結局、糸魚沢における足跡の探索調査により、この地区で活動しているヒグマの数は、四十頭以上と推測することが出来た。

ヒグマの生息密度でいえば、世界有数の知床半島に匹敵する密度であろう。

次の探索現場は、上尾幌地区である。

冬眠穴から飛び出して人を襲う

三月二十八日からの三日間は、ＯＳＯがいる可能性があるもう一つの場所、厚岸町上尾幌地区を集中的に探索することにした。

上尾幌地区は、そのほとんどを国有林が占めている。

木々の密度も濃く、クマにとっては住みやすい環境が整っていると我々は見ていた。

この上尾幌の森では過去にヒグマによる人身事故が起きたことがある。

二〇一五年二月、樹木の調査業務を行っていた林業関係者（七十代）が、冬眠穴から突然飛び出してきたヒグマに襲われて顔などを引っ掻かれて、重傷を負った。

これはよく誤解されているのだが、「冬眠」といっても巣穴の中でクマは前後不覚で眠りこけているわけではない。実際には、いわゆる半覚醒状態でウトウトしているような状態であり、体温もそれほど下がらないのだ。巣穴のすぐ近くで物音がすれば、たちまち跳ね起きて、パニック状態のまま襲い掛かってくることも少なくない。

我々が探索している三月末は冬眠の最終段階であり、クマがいつ巣穴から出てきてもおかしくない。足跡の探索といえど、常に危険は伴うのである。

厚岸昆布森線、国道四十四号線などに繋がる国有林の林道を一つずつ踏破しながら、足跡を探す。

既に述べた通り、残された時間は少ない。あと一週間ほどで、雪はほぼ消えてしまうだろう。

探索三日目となる三十日、除雪されていない林道を、四台の４ＷＤが連なって、前進と後進を繰り返しながらラッセル（深い雪をかき分けていくこと）していく。車で行けるところまで行き、そこから先は、徒歩での探索となる。

車で行きつける〝最終地点〟から七〇〇ｍの所に沢があった。

気になる足跡

赤石と松田が〝怪しい〟と睨んだとおり、この沢を探し始めてそれほど時間を置かずに気になる足跡を見つけ出した。

一週間以上前のものと思われる足跡は、この足跡の主が沢を太平洋側に向かって歩いて行ったことを示していた。

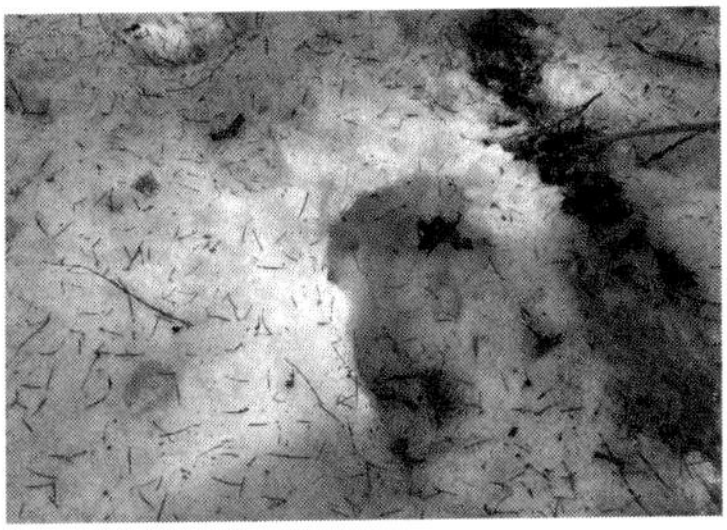

雪中の足跡

大きさは、周辺の雪が融けていることもあって、二〇㎝を超えるほどだ。融けた分を差し引いても、なかなかの大きさのヒグマであろう。

さらに手分けして林道に入り足跡の探索を行う。

赤石、松田、上林、岩松が国有林内を何度も往復し足跡を探す。私と関本は、国道四十四号線から太平洋沿いの私有林、町有林を探す。

結局、この上尾幌で発見した足跡はわずか二個で、糸魚沢での発見数からすると比べ物にならないほど少ない。

だが、赤石と松田が見つけた上尾幌から南の海岸側へと向かった足跡が、私にはどうにも引っかかった。後にこのカンは正しかったことがわかる。

三カ月で六五〇km移動したクマ

我々が「ＯＳＯ18特別対策班」として活動することになったとき、釧路総合振興局から手がかりとして渡されたのは、被害現場の印刷されたＡ４で五、六枚ほどの資料のみだった。その地図は年度ごとに分かれており、一枚にまとまったものではなかった。

そのままでは参考程度にしかならない情報だが、私はここに記された被害場所を一つずつGoogle Earth に落とし込んでいくことで、「全体像」を把握することにした。

Google Earth を使えば、被害現場と周辺の森や林、沢との位置関係を視覚的に読み取ることができる。

クマは基本的に森林帯や沢筋を移動する。Google Earth で被害現場を単なる点の集まりではなく線として結び、さらには面として浮き上がらせることで、ＯＳＯの移動ルートがおぼろげに見えてきた。

またＯＳＯの移動ルートを考察するうえで役に立ったのが、二〇一四年八月に我々のＮＰＯが浜中町で生体捕獲したヒグマの例である。生態捕獲した後、このクマにＧＰＳ発信機を仕込んだ黄色い首輪をつけて放獣し、その後の移動経路を追ったのである。

通称「黄色」と呼ばれたこのクマは体長二m、体重二一〇kgのオス成獣であったが、浜中町から標茶町のオソベツに移動し、オソベツにあるO牧場でデントコーンを食べると、再び浜中町に舞い戻った。それから浜中、根室、厚岸と広いエリアを闊歩し、エゾシカの残骸を漁っていたと思われる。

さらにその後、コッタロ湿原に移動し、そこでエゾシカを襲いながら滞留していたが、この冬、二回目の降雪があると、あっという間に鶴居村の奥まで移動し、そこで冬眠した。

通常、冬眠穴に入ってしまえばGPSの電波は届かないのだが、この「黄色」からは、途切れることなく居場所の通知が送られてきた。冬眠穴には入らずにクマザサの上で寝ていたのかもしれない。

結局、「黄色」は約三カ月の間に実に六五〇kmもの距離を歩き回っていた。東京―大阪間が約五〇〇kmである。移動距離でいえば、過去に例のない凄いヒグマだった。

どこで国道を渡れば安全なのか、どこにデントコーン畑があり、どこにエゾシカが多いのか、彼は我々より詳しかった。その出没ポイントは今回のOSO18と重なるところも多く、我々がOSOの立ち回り先を予測する上では、この「黄色」の移動ルートが大いに参考になっていた。

ＯＳＯは二度やってくる

　ＯＳＯによる被害現場をマッピングしていくと、大きく分けて三つの地域に集中していることがわかった。

　①オソベツ地区、②中茶安別地区、③阿歴内地区の三つである。

　それぞれの地区の役場の担当者に聞き取りをしながら、さらに詳細な被害現場の場所を特定して、マップ上にマークしていく。

　すると、あることに気付いた。

　一度、牛が襲われた牧草地付近では翌年もほぼ必ず襲撃が起きていたのである。

　これが何を意味するかといえば、ＯＳＯは一度襲撃に成功した場所はしっかりと覚えており、その成功体験から、翌年もその近辺で牛を襲っている可能性が高いということである。

　ＯＳＯは二度やって来る――。

　そこは彼にとって「狩場」として認識された場所なのだ。

　実際にそれぞれの現場を調査する必要はあるが、地図上のマッピングの中に、それまで霧の中に隠れていたＯＳＯの像が、浮かび上がってきた。

　雪が融けた二〇二二年四月初め、今年の捕獲作戦の検討と意見交換を兼ねて、猟友会標茶支部長の後藤勲、副支部長の本多耕平、それに私、黒渕、赤石とで標茶町役場に集まった。

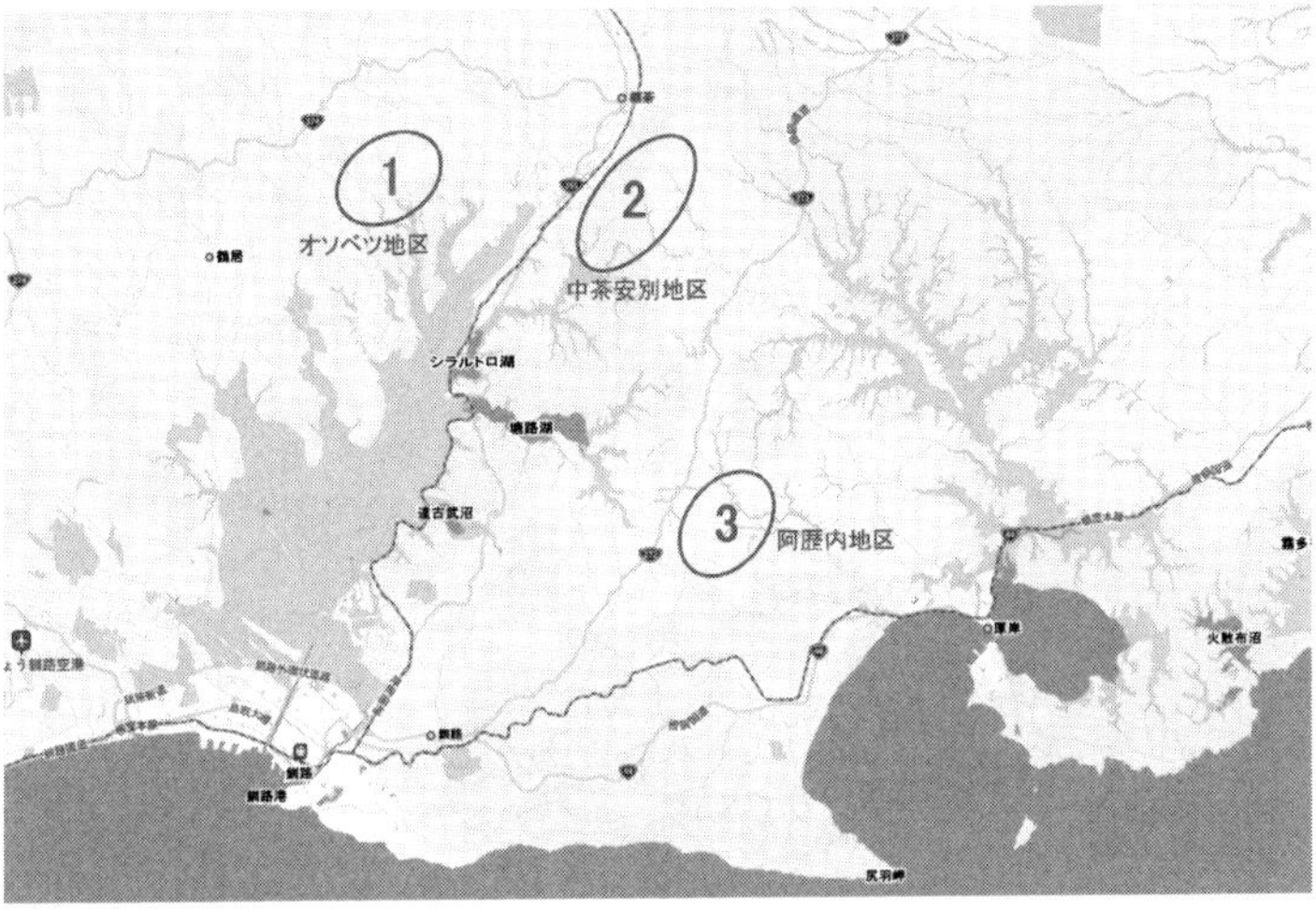

OSO18 被害集中区域　Google Earth

今季は、後藤たちと一緒に行動することになり、お互いに綿密に情報を交換し合う必要があったのだ。特に過去三年に亘ってＯＳＯを追い続けた後藤支部長らの情報は貴重だった。

「とにかく目撃が無いんだ。待ち伏せしていても出てこない」と後藤は言う。

それはこれまでＯＳＯを追ってきた我々も、実感したことだった。

「ちょっと、これを見てもらえますか」

我々は浜中で捕獲した「黄色」の移動経路を示した地図を後藤らに見てもらった上で、ＯＳＯも利用している可能性が高いデントコーン畑や国道の横断ポイントを説明した。二人とも頷きながら、ＧＰＳ調査の必要性を理解してくれたようだった。

この会合の主目的は、残雪期に標茶町で予定されている「春グマ従事者育成事業」

に我々のメンバーも参加し、合同で春期捕獲をする計画に関する打ち合わせであった。

この事業は現在では、「人里出没抑制等のための春期管理捕獲」と呼称が変わっているが、その狙いは春グマの捕獲を通じて若手後継者を育成することにある。我々標津のハンターが後藤らの標茶の事業に参加することで、お互いのメンバーの交流を深めるはずだった。

〝出禁〟になったＮＨＫ取材班

ここでちょっとした問題が起きた。その会合の様子をＮＨＫ取材班が密着取材させてほしいと申し入れてきたのである。

既にお互い気心の知れたハンター同士のグループに取材に入るのであれば、問題ないのだが、今回は二つのグループが、いわば〝初顔合わせ〟で合同事業に取り組む場である。

そこにテレビカメラが入れば、最大の目的であるお互いの意思疎通に支障を来す恐れがあった。さらに言えば、お互いの連携を深めながら、最終的にＯＳＯの捕獲まで持って行くことが最大の目的でもあり、取材や撮影に応じることは二の次にならざるを得ない。

このあたりの意図がＮＨＫ側になかなか理解してもらえない。これまで映像らしい映像が撮れていない焦りも伝わってきた。だが、我々としては安全管理上のリスクと最大の目的である猟友会員とＮＰＯメンバーとの意思疎通を図る場面が無くなってしまうことを懸念し、急遽、標茶での参加を取りやめたのである。

何としてもヒグマ対策事業の「絵（映像）」が欲しいＮＨＫ側の事情はわからないでもな

かったが、この一件があってから、一時〝取材拒否〟せざるを得なかった。それから二週間後くらいだったろうか、有元ディレクターと同僚の山森ディレクターの二人が事務所にやってきて、それぞれ手紙を置いていった。

中を読まずともその内容は「お詫び」と「再度のお願い」であろう、と察しがついたので封も切らず中身は目を通さなかった。手紙は読まないままで私は改めて二人に事務所に来てもらって、今後の取材の進め方をしっかりと話し合った。

我々が危険と見做している具体的な内容や、カメラが入ることで現場での作業に支障をきたす可能性がある点などを説明したのである。ここでお互い腹を割って話し合ったことで、この後、彼らとは取材者と被取材者という関係にとどまらず、それぞれの立場でOSOを追う同志のような関係になっていったように思う。

結局、必要であれば私が直接、GoPro（小型のアクションカメラ）やスマホの動画を撮影し、提供する方法をとることにした。

この頃になると他のテレビ局や雑誌社などからも取材の依頼はひっきりなしに舞い込んできた。

だが話を聞いてみると、どれもこれもOSO18を〝怪物〟〝猟奇的〟というイメージでおどろおどろしく描こうとするばかりで、うんざりさせられた。首都圏の雑誌は、電話取材だけで記事を書こうとする連中がほとんどだった。

この点についての私の方針は明確で、現地に来ない取材はお断り、テレビであれば「五分でまとめたい」「バラエティ番組で取り上げたい」というような企画はお断りした。そんな短い時間では、かえってOSOについて世間の誤解を招くような内容になることが目に見えていたからだ。

十五分以上放送してくれるもの、あるいは被害にあっている地元農家の苦悩を伝えてくれるしっかりとした内容の取材のみ受けるようにしていた。

トラック襲撃事件

五月中旬、またも事件が起きる。

道道一一二八号厚岸昆布森線を中標津町の林業会社、A林業の従業員が運転する一・五トントラックが走っていたところ、道路脇にいたヒグマに遭遇した。

するとこのヒグマは突然道路に上がり、トラックの後部に張っていたキャンバステントを爪で引き裂いたのである。

たまたまA林業に、かつて私の会社で働いていた元従業員が勤めていたこともあり、この事件の詳細を知ることができた。その経緯は以下の通りである。

五月中旬のある日、早朝四時に中標津町にあるA林業を出発したトラックは、伐採作業のため上尾幌方面へと向かった。上尾幌市街地の手前にある現場まで残り三㎞ほどになると、道路は国有林内に入り、その両側はトドマツに覆われて、視界はよくない。

トラックが緩い右カーブを曲がった瞬間、運転手は道路上に何かあるのを発見した。

少し速度を落としながら近づいていくと、そこに一頭のヒグマが横たわっていたのである。ヒグマの方もトラックの接近に気付くと、ゆっくりと起き上がり、こちらを見ながら道路脇の側溝へと降りていった。

運転手がトラックをヒグマのいた位置で停め、クマの降りて行った方向を見ると、そこにはまだヒグマがいた。

「うわ。大きいクマだ……」

クマは側溝の中で立ち上がっていた。立ち上がってみると、その大きさはより際立って見えた。そして驚いたことにクマは突然こっちに向かってきた。

「これはまずい」

慌ててトラックを発進させる。

ルームミラーに目をやると、クマは荷台の最後部に手をかけようとしていた。

一気にアクセルを踏み加速すると、クマは一瞬追いかける素振りを見せたものの、諦めたのがミラーで確認できた。

作業現場に着いた運転手が荷台後部を確認するとキャンバスのシートが、ヒグマの爪で裂かれていた――これが事件の顚末である。

犯人はOSO18か

前述した通り、この事件に先立つ一月半ほど前の三月末ごろ、我々はこの上尾幌地区での探索を行っている。このとき見つけた足跡はわずか二つで、そのうち一つは小さめのクマ、もう一つは大きめのクマのもので、この大きなクマの足跡は上尾幌の森から南へ、つまり太平洋側へと向かっていた。

私はこのクマのことが引っかかっていた。はっきり言うならば、今回のトラック襲撃はOSOである可能性が非常に高いと考えていた。その根拠は以下の通りだ。

①私自身がプロットしたOSOによる襲撃現場は、この二年間、阿歴内から始まっている。上尾幌の足跡があった地点から、阿歴内まではそう遠くない位置関係にある。

②我々が確認した限りでは、上尾幌の森にヒグマの数は多くない。どうやら相当に慎重な性格らしいOSOは、ヒグマの生息密度が低く、周囲にマツの生い茂る見通しのきかない森を好んでいるはずだ。

③見つかった足跡の大きさがOSOのプロファイルと矛盾しない。

一つ疑問があるとすれば、〝ビビり〟のOSOが、車を追いかけまわすだろうか、という点だった。あるとすれば、道路の上で寝ていたOSOは、トラックのエンジン音で起こされ、追われるような格好になったことにイラだったのかもしれない。

襲撃にあったA林業の社員たちは、仲間うちで「あれはOSO18かも知れない」と密かに話していたというが、私がたまたま元従業員を通じてこの話を聞いたのは、既に事件から三カ月が過ぎた八月ごろのことだった。

後にわかったことだが、このトラック襲撃事件から八日後、同じ厚岸昆布森線の阿歴内付近で、道路を横断する大型のヒグマの目撃情報が、厚岸町役場に寄せられていた。

次の事件は、その阿歴内からほど近い上尾幌で起きることになる。

第四章　二〇二二年・夏　知恵比べ

六月になった。

ＯＳＯ18は例年、六月下旬から七月頭ごろから牛を襲い始める。

それに先立って六月十日、「ＯＳＯ18捕獲対応推進本部会議」が開かれた。そこで私が示したのは、捕獲檻によってＯＳＯの捕獲を目指すという方針だった。

クマの有害駆除というとライフルによる捕獲のイメージが強いかもしれない。だが夏場は生い茂る草木に人間は視界が遮られ、一方のクマは身を隠しやすい。待ち伏せしたクマによる反撃も考えられ、ライフルで追うのは大変危険である。

加えて委託を受けている北海道からは「くれぐれも安全対策を最優先で」という指示も受けている。そのため、この夏期間は捕獲檻や罠による捕獲を目指すことにしたのである。

ＯＳＯが牛を襲い始めた初期の頃も鉄格子式の檻による捕獲は試みられていたが、前述した通り、ＯＳＯは一度この檻にかかりながらも脱出している。以来、このタイプの檻には入る様子が見られない。

そこで今回は、通常は生態捕獲に使用するドラム缶式の捕獲檻を使用することになった。鉄格子式の檻の場合、檻の中にクマが入ったときに「止め刺し（とどめ）」をしやすいというメリットがある。一方でドラム缶式には、檻の中に入ったクマから外が見えないため、クマの興奮も抑えられる効果がある。

さらに我々の檻は大型のヒグマに対応できるように直径が九〇cmあり、通常のドラム缶よりも二回りほど大きい作りとなっていた。

檻の形状と使用する誘因餌を変えることで、ＯＳＯが檻に入ってくれるのではないかという期待感もあった。

ドラム缶式の捕獲檻

問題は、どこに檻を設置するかという点だった。
私は二〇一九年から二〇二一年まで過去三年間のＯＳＯによる被害現場をマッピングした地図をもとに、ＯＳＯの冬眠場所を厚岸町西部の森ではないか、と予測していた。この推定冬眠場所を起点とすれば、二〇二二年の夏にＯＳＯが出没する可能性のある〝移動ルート〟はだいたい二つに絞れそうだった。
予測冬眠場所から東へと向かう「厚岸・セタニウシ」ルー

トと、北へと向かう「中茶安別」ルートだ。

突然暴走した牛

六月十六日、私は赤石と二人で捕獲檻を設置する場所を決める事前調査のために阿歴内へと向かっていた。その途中で標茶町役場の宮澤から連絡が入った。

「東阿歴内牧野で、放牧している牛が暴走し、管理用に立てている木製の支柱が数本、倒れる事案が起きました」

この現場は、まさに我々が檻を設置しようとしている場所から二km程しか離れていない。

ほどなく現場の牧野に到着したが、ゲリラ豪雨に遭い、車でしばし待機する。

フロントガラスを滝のように流れる水の幕の向こうに、豪雨をものともせず牧柵を必死に直す数人の牧夫の姿が見える。

約百頭の牛たちは、人間たちのそばで一塊となってジッと雨に打たれている。

ようやく雨が小降りになったところで、車から降りて牧夫に状況を聞き取る。

牧夫によると「(牛は)今は落ち着いているようだなぁ」とのことだが、放牧している牛たちを支柱を倒すほどの勢いで暴走させたものは何だったのか。

さらに牧夫たちと話していると、興味深い事実がわかった。

毎年、秋が深くなると阿歴内牧野の真ん中を突っ切る町道に、「大きなクマの足跡を見ることがある」のだという。

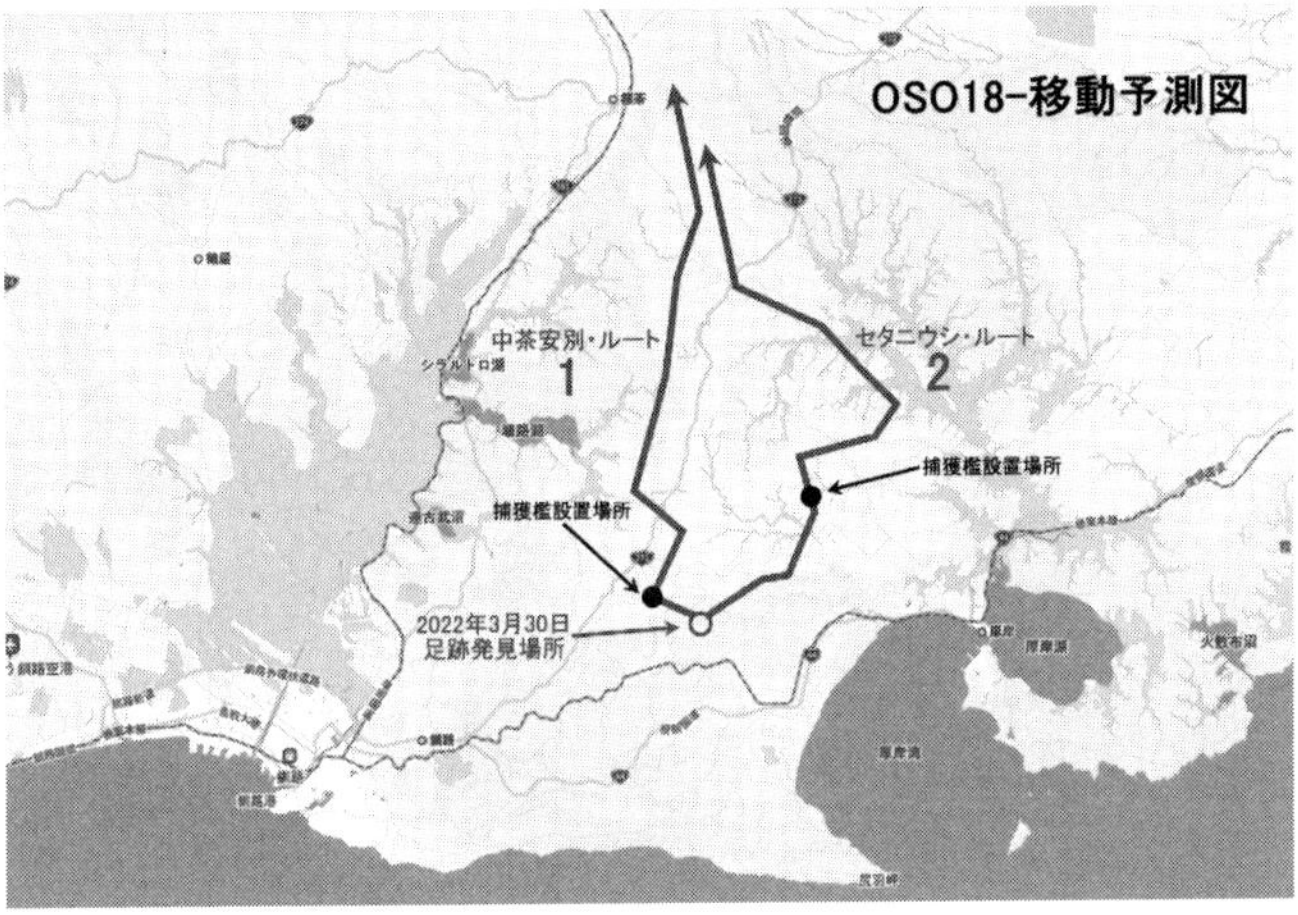

広大な範囲から捕獲檻の設置場所を検討する

Google Earth

過去三年、阿歴内エリアの牧野では毎年、ＯＳＯによる被害が出ている。牧夫の証言は、成功体験のある現場に執着するＯＳＯの行動原理を裏付けているように思えた。やはり捕獲檻を設置するなら、ここが第一候補地だ。

我々が選んだ場所は、私有林内で、その入口には民家があり、お婆さんが一人で暮らしていた。

土地所有者でもある彼女に檻を仕掛ける了解を得て、林道を進んでいく。

マツ林が広葉樹林に変わる所に沢があり、そこに檻を仕掛けることにした。設置場所の近くには沢が入り込んでいる。

この檻のそばにある沢は、阿歴内牧野に続いている。クマは沢筋を伝って移動することが多いので、牧野からクマが入ってきた場合、この沢筋を通る可能性が一番高い。

ドラム缶式の檻をカラマツに針金で結び固定する。二〇〇kgの重量がある檻だが、こうして固定しておかないとヒグマは、いとも簡単に檻を転がして中のエサだけとってしまうことがあるからだ。

檻を設置した帰り際、土地所有者のお婆さんは立ち話の中でこう話していた。

「去年、台所の窓を開けたら、二〇m先にクマがいたんだわ。いや〜ビックリしたわ。座っていたのでよくわからないけど、おっきいクマだったわ。〝ここにいたら鉄砲撃ちに獲られるから、早くいけ〜〟って言ってやったんだ」

それまでこのあたりでクマを見たことはなかったという。クマとお婆さんのやりとりには、思わず笑ってしまったが、この話が本当だとすると貴重なOSOの目撃者の可能性もある。

ようやくOSOに近づいてきたのかもしれない。

今年初めて牛が襲われた

この牛が暴走した日から、標茶町、厚岸町、釧路総合振興局の各担当者と私、赤石という現場対応をする実働部隊のメンバーで、新たにLINEグループを作った。関係部署でのLINEグループは既にあったが、より詳しい情報をより早く共有するために参加人数を絞ったのだ。

すると七月一日、早速、標茶町の宮澤からこんな第一報が入った。

〈本日午前8時32分、阿歴内牧野で牛が一頭死んでいるのを発見。内臓が出ているのでOS

Ｏ18の可能性が高い〉

すぐに現場へと向かう。この日は赤石に用事があり、別海町の上林が同行する。

やはり阿歴内に出たか――車を運転しながら、はやる気持ちを抑えるのに苦労する。

一時間半をかけて現場に到着すると、すでに関係者が集まっていた。

牧場関係、役場関係、農協関係など二十人以上はいた。

ＮＨＫの有元ディレクターや北海道新聞の内山岳志記者の姿もあった。

内山記者はこの当時は札幌の編集局報道センターにいたが、中標津支局勤務時代からのつきあいである。野生動物などネイチャー系の取材に強く、道新では「クマ担」（クマ担当記者）としても活躍しており、実はこの前日、ＯＳＯの取材のために現地入りして、私と話したばかりだった。

まずは現場の状況を確認すると、死んでいる牛以外に、あと二頭、怪我をしている牛がいるとのことだった。

怪我をした二頭の牛はパドック（牛の運動場）に繋がれていた。二頭とも首の上に噛まれた跡がはっきりと残っている。そのうちの一頭は、既に自分の足では立てない状態になっていて、獣医が筋弛緩剤を注射し、安楽死処分となった。

農協の軽トラックの荷台に乗り込み、牛が死んでいる現場に向かう。

小高い丘を越え、沢に下がっていく途中に牛が倒れている。

牛の状態を確認すると、肩に一カ所、背中に二カ所、噛まれた大きな傷跡があり、内臓はほとんどが食べられている。

その後、現場付近に残された足跡を探す。牛が倒れていた所は、湿地帯の草地から上がってきた牧野の中腹付近。その上方二〇mに血の跡や草が倒された場所がある。ここが最初の襲撃地点であり、ここから倒れていた場所まで引きずってきた跡がはっきりと残っている。

湿地に向かって降りていく途中には、土の露出した坂があり、辛うじて数個の足跡が確認できるが、計測できるほどしっかりと付いた足跡ではない。

ヤチボウズに苦戦しながら、役場の職員が事前に体毛を採取したという場所まで移動する。その付近を捜すと、上林が「おい、あったぞ」と草の下に隠れていた前足だけの足跡を見つけた。

我々が襲撃から間もない現場に入れたのは二〇一九年の上茶安別、二〇二一年のオソベツに次いでこれが三度目だったが、自分たちの目でOSOのものと思われる足跡を確認し、自分たちの手でしっかりと計測できたのは、今回が初めてだった。

計測すると一六・五cm前後しかない。

「あれ？　一八cmじゃないな……」

念のため、上林もスケールを足跡にあてる。

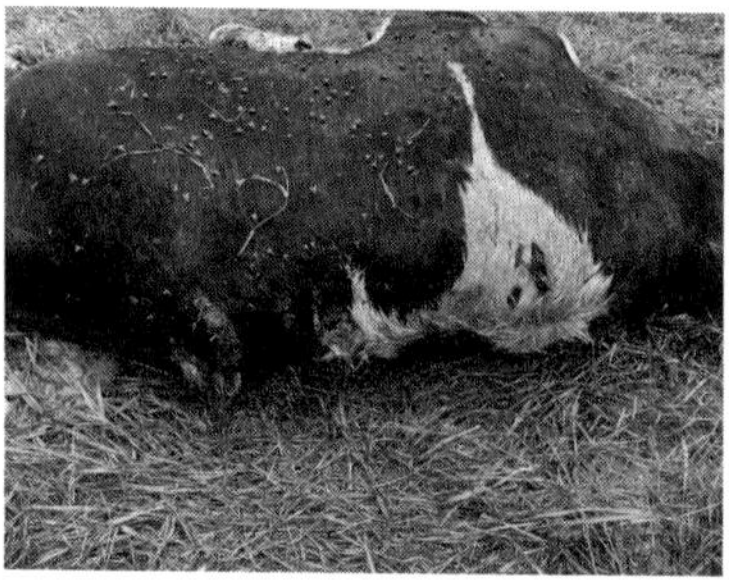
内臓はほとんど食べられていた

「やっぱりだ。ほらみれ、言ってた通りでねぇか」

「そうだよね〜」

どう測っても一八㎝はない。

ＯＳＯ18の名前の由来となった「一八㎝の足跡」に疑問符が付いた瞬間である。

牛が暴走した理由

やはり二週間前の牛の暴走は、牧場に襲撃前の〝下見〟に訪れたＯＳＯを見て、牛たちがパニックに陥ったものと考えられた。さらにその前のトラック襲撃事件とそれに続く大きなクマの目撃情報なども考え合わせると、かなり早い段階から、ＯＳＯはこの付近で襲撃のチャンスを窺っていたのであろう。

初めて自分たちの手で計測できた足跡

もう少し早く檻を設置できていたら……と悔やまれるが切り替えるしかない。
もう一つの檻は、厚岸・セタニウシルート上に設置する。
今回、牛が襲われた阿歴内を起点にすると、標茶寄りのルートか、厚岸町営牧場方向に向かうルート、ＯＳＯはこのどちらかを行くはずだ。

七月五日、厚岸町営牧場内に桜井唯博場長の全面的協力のもと、二基目の捕獲檻を設置した。とにかくこれで有力な二つのルート上に、今までの捕獲檻と形状の違う檻を設置できた。もし付近をOSOが通り、檻の中の餌に興味を示してくれれば、捕獲の可能性はぐっと高まる。

現場確認を終え、その場で関係者を集めて簡単な打ち合わせを行う。

「次に被害が出た時は、現場保全に努め、牛の側に行くのは四人までにしましょう」

私はこう提案した。現場を確認しながら気になったのは、ここにあまりに多くの人々が出入りしているということだった。この年初めての襲撃ということもあり、牧場関係者、役場職員や猟友会関係者、そして最後に我々、現場に入った総人数は三十人近くになると思われる。

人の気配や匂いを嫌うOSOに対して「ここには来るな」というメッセージを発しているも同然だ。早急に立入制限する必要があった。

打ち合わせの後、二㎞ほど離れた場所に仕掛けた「ヘアトラップ」をチェックしにいく。ヘアトラップとはヒグマが木に身体を擦り付ける習性を利用して、立ち木に有刺鉄線を巻き付け、クマの体毛を採取する方法だ。体毛からはDNAが採取できる。つまりヒグマを捕獲しなくともDNA採取が可能となる。

〈有刺鉄線で採取する〉というと、クマが傷つくと思われるかもしれないが、クマの毛皮というのはそれ自体針金のように固く、ナイフでさえそう簡単に入っていかない。有刺鉄線ぐらいでは、痛くもかゆくもないのだ。

ここで採取した体毛のサンプルは、後にOSOのものと判明した。

〈内臓が食べられている〉

それから十日後の七月十一日。

上茶安別のR牧場で育成牛が草地に倒れ、内臓が食べられているのが見つかった。

二〇二二年、二件目の被害である。

OSOは「阿歴内～中茶安別」ルートへと向かったことになる。

今回は赤石と二人で、標茶市街経由で現場に向かう。我々の住む標津町から標茶町までは直線で七〇km、片道一時間以上かかる距離だが、現場周辺の確認なども含めると往復で毎回二〇〇kmを超える距離を走り回っていることになる。

現場には標茶町の宮澤と釧路総合振興局の川島新が待っていた。早速、四人で牛が倒れている現場に向かう。前回、現場に多くの人が立ち入り過ぎた教訓を活かして、今回は現場に入れる人数を制限している。

通常、クマはいったん自分の食料と看做した獲物には強く執着する。だから一度で食べきれなかった場合は、再び現場に戻ってくる可能性が高い。

ただOSOの場合は、これまでのところ戻ってきた形跡がない。人間の匂いのする場所には絶対に近づかないようにしているのだろう。

逆にいえば、人間の匂いさえ残っていなければ、普通のクマと同じように現場に戻ってくるのではないか——これが私の現場への立ち入り人数を制限した理由だった。


牛が倒れていた現場は、牛舎から三〇〇ｍほどの所である。現場のすぐ右にはトドマツが生い茂る雷別国有林がある。

牛舎の横を通って、四人で丘の頂上に向かって歩いていく。下手をするとトラクターが横転する程の急勾配を上っていくと、横たわる牛の姿が見えた。

体重一四〇kgほどの小さめの牛だった。

前回同様に内臓と背中の一部が食害されている。この牛の倒れている位置から三〇ｍほど登ると丘の頂上に出る。

丘の頂上から牛の死体が見える左右の位置にカメラを二台仕掛ける。このカメラは何か動くものを撮影した場合、その画像をメールで転送してくれる。

今回は、牛の死体を片付けずにその場に放置することにした。もしＯＳＯが再びこの死体を食べに戻ってくることがあれば、このカメラで確認できるというわけだ。

丘の下を流れる沢を調べてみると、ヒグマの足跡があった。

ＯＳＯはこの沢の上流から降りてきて、ここで沢から上がり、丘を登ってきたのだ。

このルートなら、人目につくことはない。ＯＳＯの目撃証言が少ないはずだ。

「一晩張り込むか？」

赤石がボソッと呟く。確かにこの丘の頂上で張り込めば、戻ってきたクマを銃で仕留めることも出来そうだが、私はこう応じた。

「とりあえず牛をそのまま置いてみるべ」

赤石と話しながら丘を下り、牛舎前まで戻ると、ＮＨＫの有元ディレクターがいた。

「誰にも言ってないのに、ずいぶんと早く現れたな」

「近くの農家さんから連絡があったもので……」

彼らが精力的に被害者の農家の取材をしていることは聞いていた。その甲斐があったということだろう。

牧場主に襲撃に関する状況と、牛の死体をそのままにしておくことを説明する。

「また違う牛が取られるのかい」と牧場主は不安そうだ。今回の現場は、牧場主の自宅の窓から見える場所だっただけに、かなりショックを受けている様子だった。

「いや、先に放置した死体の方を食べるはずです」と不安を払拭する。

前回ＯＳＯが牛を襲った阿歴内からこの現場までは約二〇㎞離れており、途中で国道二七二号を横断する必要があるが、クマの速足であれば一・五日ほどで着く。

どこで国道を横断したのか――その答えはすぐにわかった。

OSOは現場に戻るのか？

この日の午後二時頃、国道三九一号の五十石《ごじっこく》付近で、大型のクマが道路を横断するのを目撃したという一一〇番通報が入った。

折悪しく、我々は標津町へと戻っているところだったため、標茶町役場の宮澤にチェックすべき場所を連絡し、現場確認してもらう。前述した「黄色」と呼ばれたヒグマの行動パターンから、OSOが国道を渡るとすれば、あそこだろうという目星はついていた。

クマはどういう場所を横断するのか。アイヌ民族最後の狩人と言われた姉崎等がその著書『クマにあったらどうするか』の中で次のように語っている。

〈**山あいと山あいで、動物が渡っても安心な場所というのがあるんですよ。**【中略】**（クマは）道路のへりより高い方がいいんです。そして、あちら側にも高い尾根がつながって、尾根の渡りがあって道路面が低いところを渡るんです**【中略】**そうするとクマが歩いて渡るところが決まるんです。渡ったという情報があって、この看板の何百メートルくらいのところで渡ったというから見に行くと絶対渡る場所ではないんですよね。**【中略】**私はクマの性質からいってそんなところは渡らないんだって言って**【中略】**それで「あそこの間で渡っているはずだからそこへ行ってみなさい」と言った。そして、そこへ行くとちゃんと渡っている跡があったんですよ**〉（姉崎等・片山龍峯『クマにあったらどうするか』）

私には姉崎の言うことがよくわかる。

私の指定した場所を宮澤に確認してもらったところ、やはりクマの足跡があった。宮澤によると大きさは、一六〜一七㎝。

目撃情報によると、そのクマは厚岸側から釧路川方向に向かっていったという。

さらにその目撃情報から四時間後、今度は逆方向、釧路川方向から中茶安別方向に道路を横断するクマが、また目撃された。同じクマが戻ってきたのだ。

目撃された場所はやはり五十石で、今回の襲撃現場から三㎞しか離れていない。時系列と足跡の大きさから考えて、ＯＳＯで間違いないだろう。

被害現場と五十石の国道近くまでは林道が整備されているが、普段、人が通ることは、ほぼ無く、利用しているのは野生動物だけだ。

ＯＳＯはこの林道を通って、行き来しているようだった。

警戒心は強いが普通のクマ

夕方、自宅に戻ってＴＶニュースを見ていると、この日の被害現場が映し出されていた。

現場にはメディアも含めて、立ち入りは禁じていたのだが、どうやら道内キー局の記者が牧場主に頼み込んで現場の撮影を決行したようだ。

「まいったな」。思わず頭を抱える。

せっかく現場への立ち入り人数を制限し、クマが戻ってくるかを見極めようとしているのに、これでは石を投げて追い払うに等しい。すぐに標茶町役場に連絡し、我々が定めた方針に厳重に従って欲しい旨を通達してもらう（後日、現場に入った本人から謝罪があった）。

「テレビ局の人間、誰だ、あれ？　どうして入ったんだ」

翌朝、事務所に現れた赤石も憮然とした表情だ。この想定外のトラブルがあってもＯＳＯは現場に戻ってくるのか――すると宮澤から連絡が入った。

「牛の死体が沢の中に持っていかれました。カメラを避けて持って行ったようです」

やはりＯＳＯは現場に戻ってきたのだ。このことは大きな意味を持つ。

なぜならＯＳＯは〝人間の企みをことごとく見破る怪物じみたクマ〟ではなく、人間の匂いさえしなければ、現場に戻ってくる〝警戒心は強いが普通のクマ〟であることを示しているからだ。

一度戻ってきたということは、また戻ってくる可能性もある。そこを撮れるよう宮澤にカメラ位置の再調整をお願いする。

「ＯＳＯは国有林から来るな。どっか見晴らしのきく場所から見ていられればいいんだけどな」と赤石がじれったそうに呟く。

三頭目がやられた

〈中茶安別の牧場で乳牛一頭がお腹を裂かれた状態で死んでいます〉

七月十八日、午前七時。この年、三件目の被害を伝える標茶町の宮澤からのグループLINEである。

襲撃現場は、前回の現場から二㎞しか離れていない中茶安別のS牧場だ。

赤石と私がいつものもどかしい一時間半の道のりをかけて現場に向かう。

ようやく現場に到着してみると、今回はしっかりと人数制限を守って、関係者は現場を遠巻きにしている。

現場を見下ろす丘の上には、猟友会標茶支部の本多が張り込んでいた。本多も本業は農家で酪農を経営しているので、OSOの件は他人事ではない。三人で丘を下って、牛の死体に向かう。歩いている左側には電気柵が張り巡らされている。

さらに近づくと、クマが電気柵の下を三m四方に亘り掘り返した跡があるのに気付いた。

現場の地面には牛が走り滑ったような跡が何カ所か見られた。

どうやら電気柵の奥側に放牧された牛が、OSOに追われて、電気柵の所まで来たものの、柔らかい土に足をとられて転んでしまったようだ。そこをOSOに襲われた——。

「死体の発見から時間をおかずに現場に来たから、もしかすると（OSOが）近くにいるかも知れない」

本多はそう言いながら、辺りを見渡した。

「あそこの森の中に潜んでいるんじゃないか？」

「そんな遠くに行っていないはずだから、今回は、日没まで待ってみますか」

今回の被害現場は、ＯＳＯの襲撃が始まって間もない二〇一九年八月に被害があった牧草地のすぐ隣だ。

ＯＳＯは、二〇一九年の現場に向かっていたが、その手前で放牧された牛を見つけて襲ったのかもしれない。

牧場主の倉庫が、緊急の対策本部になっていた。私はグループＬＩＮＥで「ＯＳＯ18特別対策班」のメンバーに招集をかけた。本多にも標茶町の猟友会メンバーの招集をお願いする。この日は「海の日」で祝日だった。まだ近くにＯＳＯがいる可能性が高いと考えて、何人集まれるかわからないが、より多くの人員を確保して、できる限りの態勢をとろうと考えたのである。

メンバーが揃うまでには、まだ時間がかかる。

そこで車に戻った赤石と私は、今回の現場から二〇一九年の現場までの約二㎞を徒歩で踏破することにした。赤石はライフルを背負い、銃を持たない私はクマ用スプレーを持って、慎重に足を進める。ＯＳＯが潜んでいるとすれば、この二つの現場を結んだ線上にいてもおかしくない。刈り取り前の牧草は腰の高さまである。朝露が抜けきらず、歩くのにとても難儀する。

四十分ほどかけて、二〇一九年の襲撃現場近くの道路に出た。「ほうっ」と一息つく。どこかでＯＳＯに出くわすかもしれないという緊張で無意識に息を詰めていたようだ。

「絶対にどこかに足跡がある」

S牧場に戻り、今後の作戦を立てる。

まずは、OSOが牧場に来た経路を探し出すことが先決だった。もしかすると、その経路上に、まだOSOがいる可能性もある。

やがて現場からさほど遠くない標茶町の猟友会メンバーが続々と集まり始めた。我々のグループのメンバーは、もう少し時間がかかりそうだ。

我々のグループで今日の緊急招集に応じたのは上林、松田、関本、宮崎、岩松、藤巻の六名。標茶の猟友会からは七名。それに私と赤石を加えた合計十五名という陣容だ。

農協の職員が買ってきてくれたパンを食べながら、牧場主にこれまでの状況を聞いたり、地元の猟友会メンバーからも情報を聞き取る。

そのうちに我々のメンバーもS牧場に到着する。

全員が揃ったところで、今日の作戦を私から説明した。

この作戦の主眼は、OSOの侵入経路を見つけることにあった。

S牧場は、半円状の道路に面した場所にある。外周にも同じく道路があるため、この牧場に出入りしたOSOは必ず道路を二回横断しているはずだ。実はこれは大きなチャンスである。というのも道路上であれば、OSOが踏んだ牧場の土が足跡となって見つけやすいからだ。これが草の上だとそう簡単には見つからない。

シャクライッペ川での捜索の様子

「OSOが空を飛ばない限り、絶対にどこかに足跡があるはずです」

私はそう言いながら、捜索すべきポイントを指示した。

十二台の自動車での一斉捜索が始まったが、なかなか「見つけた」という連絡はない。そこで当初は司令部として情報の整理に当たるつもりだった私と赤石も足跡の捜索に加わることにする。

橋の下の足跡

ゆっくりと車を走らせながら、私と赤石がそれぞれ両脇に目を配るが見つけられない。もう一度、来た道を戻る。シャクライッペ川にかかる橋に差し掛かったとき、「もしや」という思いが頭をもたげた。車から降りて、赤石と二人で橋の下を覗き込む。

「あった！」

OSOは二つの現場の間を川や沢に沿って移動し、どうしても横断しなければならない道路に差し掛かると、人目に触れるリスクを避けるために、橋の下をくぐるようにして、反対

橋の下の足跡を指差す赤石

側へと渡っていたのである。なるほど、これは一筋縄ではいかないクマだ。

このシャクライッペ川の上流は、十一日に被害にあった牛を引っ張っていった場所でもある。

周辺に仕掛けたカメラにより後にわかったことだが、十八日未明——つまり私たちが橋の下で足跡を見つけた日——にSさんの牛を襲って内臓を食べたOSOは、その帰り道に十一日に引きずってきたRさんの牛の死体の残りを食べていたのである。

まったく何という奴だ。人の気配が無いとなると、ヒグマの本性を剝き出しにしてくる。

橋の下で見つけた足跡は、周辺の草を倒して、今回、被害のあったS牧場へと向かっており、その侵入経路も浮き彫りになってきた。

足跡を見る限り、道路に出てきたのは、被害現場に至る直前だけだ。道路沿いを移動し、車の気配を感じ取ったら回れ右をして側溝の中に隠れた痕跡もある。本当に用心深い。

その痕跡も私と赤石が道路から橋の下を覗き込んでようやく見つけることができたほどだ。

痛恨のミス

もう一度、牧場に戻り、今後の動きを打ち合わせた後で休憩していた時のことだ。猟友会標茶支部の北村直樹が「ここから、ちょっと離れた林道脇で足跡を見つけたのでちょっと見て欲しい」と言う。

そこで車三台を連ねて確認に向かうことにした。

私と赤石は車列の最後尾に付け、林道に入っていく。林道を進んで愕然とした。なんと林道からは、十一日の被害現場となったR牧場の牧草地がしっかり見えるのだ。先日、R牧場で現場検証した際には、この林道が牧草地よりも高い位置にあるため、ここに林道が通っていることさえ、我々は気付かなかった。

現場検証をした時点ではOSOは牧草地の背後に広がる雷別国有林の方から来るのだろうと考えていたのだが、実際にはこの林道を横断していたのである。森林から牧草地に入るルートはいくつも考えられるが、林道を使っていると分かっていれば、横断場所を特定することは難しくない。

Google Earth

もし先日の現場検証の時点でこの林道の存在を知っていれば、翌朝、牛の死体をひきずっていくために再び現場に現れたＯＳＯを、待ち伏せすることも可能だったかもしれない。

痛恨のミスではあったが、今となっては「後の祭り」というほかない。

しばらく林道を進むとやがて先頭車が止まった。

我々も車から降り、足跡があるという場所に向かう。

そこには、これまでもっとも鮮明なＯＳＯらしきクマの前脚の跡があった。クマはＲ牧場を流れる沢を上流に向かって二〇〇ｍほど遡ったところにある牧草地を横切って、林道に出たようだ。

スケールで計測すると、一六・四cmであ

る。

阿歴内の不鮮明な足跡も約一六cm、このR牧場の沢で見つけた足跡も約一六cmだった。やはりどう考えても一八cmはない。

言うなれば、「OSO18」ではなく「OSO16」だったことになる。

人間の裏をかくOSO

北村によると、朝一番に見回りした時には、足跡は無かったという。

つまり、OSOは大胆にも太陽が昇ってから、この牧草地を横切り、林道上を通って国有林に消えていったのだ。林道でOSOを撃つチャンスは二回あったことになる。

OSOはこの十八日の朝に襲撃した牛の内臓をたいらげ、さらにその後で十一日に襲撃した牛の残りを綺麗に食べている。満腹状態でしばらく戻ってこないかもしれないが、今からでも待ち伏せをかける価値はある。

とにかく我々が追いかけ始めて以来、もっともOSO18に近づいていることだけは間違いない。

OSOが利用している移動経路を囲うように、設定した待ち伏せのポイントに二人一組で配置していく。現在、午後三時。日没までまだ時間はある。

各々が、食料と飲料水持参で待ち場につく。銃を持たないメンバーは急ごしらえの対策本部となったS牧場の車庫で待機することになった。

うまくいけば、四年続いてきたOSOの追跡劇が今日、ここで幕を閉じるかもしれない──現場からの吉報を待ちながら、ひそかに期待が高まる。

「うまく獲れるかな……」と標茶町農協の職員が呟く。

「何とも言えないけど、もし出てきたら、今日はベストメンバーが揃っているから何とかなるよ」と応じる私も、落ち着かぬ気持ちで何度も時計を見てしまう。

だが吉報は届かぬまま、午後七時に日没を迎え、タイムアップとなった。夜間に発砲するわけにはいかない。〝待ち〟についている全員に、撤収を伝え、S牧場に集まるように連絡する。メンバーたちの労をねぎらい、この日は解散となった。

張り込みをかわされる

その二日後、赤石と関本がOSOが出没する可能性のあるポイントを見渡せる丘の上で「寝ずの番」を張ることになった。

今週がヤマと踏んだ二人にチャンスを託すことにしたのである。

それぞれ食料を買い込み、丘の上に陣取る。赤石は、牛から六〇〇m離れた高みについた。関本は赤石から七〇〇m離れた場所、放牧している牛のど真ん中での張り込みだ。

車が珍しいのか、関本のランドクルーザーには牛の来訪が途切れない。しまいには牛が車のミラーに体を擦り付けるほどだ。

ちなみに関本の車の助手席には、いつも買い物カゴが積んである。カゴの中味はおやつやおにぎりなどの食料が満載になっている。シカ猟やクマ猟で待ちにつくことが多い関本は、待っている時間がおやつタイムとなるのだ。

「それがマズいんじゃないの？」と仲間たちは糖尿の気がある関本をからかうのが常だ。

夜間の張り込みの場合、物音がしたらサーチライトで確認する必要がある。ウトウトするぐらいで熟睡は出来ない。

結局、この張り込みでは成果なく、張り込みを終えた赤石は事務所に戻ってくるなり、「山の中なのに町の中より賑やかだぞ」と呆れたように言った。

「なに、それ？　どういうこと？」と聞くと「クマ除けのラジオが大音量で、あちらこちらで鳴ってるんだ。最初はクマもシカもビックリするだろうが、もう慣れてるべな。俺たちの方がビックリしたわ」。

それから一週間に亘り、標茶の猟友会メンバーが朝晩の張り込みをすることになった。日の出後の二時間と日没前の二時間、メンバーを交代しながら見張りのシフトを組む。

だが一週間の間、ＯＳＯは姿を見せない。猟友会メンバーもそれぞれ本業の仕事があるから、いつまでも張り付けておくわけにはいかない。やむなく張り込みを解除する。

すると――。

〈ＯＳＯがまた牛（放置した死骸）を引っぱりました〉

北村から私にそんな連絡が入った。張り込みの態勢が敷かれている間は、その気配を察知して近寄らなかったが、張り込みが解除になった途端、また襲撃現場に戻ったのである。人の気配に敏感なクマだとは思っていたが、やはり簡単な相手ではない。これまでの四年間で人間のことをかなり学習しているのだろう。一方で今回は、我々の方もOSOの実像に迫る情報を数多く得ることができた。

ここからは「知恵比べ」である。

北海道庁ヒグマ対策室

日没タイムアップの一件は、北海道庁ヒグマ対策室にも、すぐに伝わっていた。

この四月から新設された対策室の室長となっていたのは、三月まで釧路総合振興局でOSO18対策の先頭に立っていた井戸井毅である。井戸井は今回の件を受けて「夜間発砲の関係で道警と打ち合わせします」と言ってくれた。

有害駆除の場合でも通常、夜間の発砲は禁じられているが、警察官の指示があれば、発砲できる。その法的根拠となっているのは以下の警察官職務執行法第四条第一項である。

〈**【避難等の措置】第四条　警察官は、人の生命若しくは身体に危険を及ぼし、又は財産に重大な損害を及ぼす虞のある天災、事変、工作物の損壊、交通事故、危険物の爆発、狂犬、奔馬の類等の出現、極端な雑踏等危険な事態がある場合においては、その場に居合わせた者、その事物の管理者その他関係者に必要な警告を発し、及び特に急を要する場合においては、**

危害を受ける虞のある者に対し、その場の危害を避けしめるために必要な限度でこれを引き留め、若しくは避難させ、又はその場に居合わせた者、その事物の管理者その他関係者に対し、危害防止のため通常必要と認められる措置をとることを命じ、又は自らその措置をとることができる〉

当然ながら、これが認められるのはそう簡単ではない。

夜間発砲に至っては過去に北海道内でも数件の実績があるだけだ。

周囲に民家が無いこと、バックヤードがあり跳弾などの恐れが無いこと等、クリアするべき条件のハードルは高い。またOSOが必ず、予定する場所に来るかもわからない。その時の状況次第の部分が大きいのだが、北海道庁は、何度も道警釧路方面本部を訪れ、打ち合わせを重ねてくれた。あらゆる可能性を考えて、多くの人がクリアすべき問題に粛々と取り組んでくれているのだ。

前回の教訓として大人数での待ち伏せ作戦は、OSOに人間の気配を先に察知されてしまうことがわかった。次からは、こちらも少数精鋭で臨むことにする。

OSOの今後の行動として考えられるのは、①国有林を横断してオソベツに向かう、②今シーズン最初に襲撃した阿歴内方向に向かう、③やはり今シーズン襲撃した上茶安別に向かう、という三つのパターンだった。

とにかくOSOを見つけ出すためには、夏場であっても、クマが通った場所をしっかり精査していくしかない。不自然に倒れた草の跡や道路上に残された足型等、OSOの行動エリアでは常に目を光らせておく必要がある。

最近ではドローンによる捜索も併用しており、実際に農協や町役場には既に配備されている。ただ私自身何度も使用しているが、ドローンはバッテリーの容量の関係で飛行時間に制限がある。またドローンに搭載されている赤外線カメラは熱検知式のため、植物が盛んに光合成を行う夏期間の日中などは画面がすべて赤色で表示されてしまい、動物がいても判別不能だったりする。

今のところ、最新機材はあくまで補助的な使用にとどまり、結局のところ捜索は人間の目が頼り、というのが実態である。同じ場所に長居しないOSOに関しては最新ドローンであっても用をなさないのである。

阿歴内に戻ったOSO

七月二十七日、私の本業である自動車関連の会議に出席するため釧路に向かっていると、車中で宮澤からのLINEに気付いた。

〈阿歴内で牛が襲われました〉

すぐに赤石に連絡し、会議に出る前に現場を見ておくことにする。この日、私は帰路で上尾幌付近の探索をするつもりで、自家用車のクラウンではなく、NPOで使っているハイラックス4WDで釧路に向かっていた。

現場は七月一日の今年最初の襲撃現場から五㎞ほど離れた農家である。

やはりOSOは阿歴内に戻ってきたのである。

現場には、小川沿いに歩いてきたと思われるOSOの足跡が無数に残っていた。小川の下流側から侵入してきて、また同じ経路を辿って逃げたようだ。

いったん釧路での会議に出席した後で、再び現場に戻ると赤石も到着していた。赤石と一緒に、さらに念入りに現場を確認する。

今回、OSOは牛舎のすぐ側にいた生後十四カ月、体重一三〇㎏程の子牛を襲い、鳴き叫ぶ子牛を引きずって、小川を渡った場所で食害したのである。

牛の悲鳴を聞きつけた牧場主は、現場にトラクターを乗り入れて、牛を救出しようとした。これに驚いたOSOは、慌てて逃げていったという。

「トラクターで追い払われたんなら、おそらく、もうここへは戻って来ないだろう」と赤石と話す。念のため、夕方まで現場で張り込んでもらったが、やはり動きはなかった。

川沿いに残されていた足跡は計測すると一六・四㎝。DNA鑑定をするまでもない。OSOだ。

「クマの匂いがするんですよ」

前回の襲撃後、OSO18特別対策班に、標茶の北村直樹、清野毅の二名を加えることにした。これまでも連携してはいたが、我々のメンバーに正式に加わってもらうことで、情報共有はよりスムーズになるし、ノウハウも伝えられる。

やはりこれだけクマによる襲撃が続いている町に、ヒグマに精通したハンターがほとんどいない、という現状を何とかすべきだった。

この北村は、同じ年の六月下旬にOSOと見られるクマを目撃している。

このとき、エゾシカの有害駆除に出掛けた北村は友人と二人、オソベツ地区にある通称〝ダチョウ林道〟を車でゆっくりと進んでいたという。

すると釧路湿原を五十石方面に向かう〝黒い影〟を見つけた。距離は、約三〇〇m。

双眼鏡で確認する。

「クマだ。シカじゃないぞ。デカい」

この付近ではまず見ないサイズのクマだったが、釧路湿原内では発砲許可を得ておらず、黙って見送るしかなかった。

釧路での会議を終えた私は、早速その北村に連絡し、「明日朝一番で阿歴内の裏側を通る林道を見てきてくれないか」と頼んだ。LINEでも怪しい場所を共有していた。

翌日、朝五時三十分頃、北村から連絡が入る。

「林道に、クマの足跡があります。大きさは一六㎝ちょっとです」

北村は「車から降りたらなんかクマの匂いがするんですよ」とも言った。北村に確認してもらった限り、その足跡はOSOで間違いないようだった。OSOは、造林地の防護ネットの穴の開いたところから、また雷別国有林へと姿を消したようだった。

国有林に姿を消したOSOは、今度はどこへ向かうのか。私は、いったん厚岸―セタニウシ方面に出て、また阿歴内に戻るのでは、と推測していた。

釣り仲間からの情報提供

そこで私はお盆休みを利用して、厚岸―セタニウシ方面へOSOの痕跡探しに出かけた。八月十五日のことである。

今年の一回目の襲撃以降、週末は、ほぼ標茶にいるのも同然になってきていた。「こっちでマンションを借りた方が早いな」と標茶の連中に冗談まじりで言ったものだ。

私がこの方面を捜索したのは、この地区で前年（二〇二一年）のちょうど同じころ（八月十二日）、OSOによる襲撃があったからだ。

今年のOSOの動きを見ていると、これまで襲撃したことのある場所からほど近い場所に現れていた。従って、過去に襲撃されて、今年はまだ被害の出ていない場所に現れる可能性が高かった。見ておくに越したことはない。

国道二七二号を南下し、中茶安別の手前から以前、牛を襲われたT牧場の前を通過して道道一四号線に入る。

この先に私の昔からの釣り仲間で厚岸町在住の西谷内哲也が道路を横断する大きいクマを

目撃したポイントがあったからだ。

西谷内が釣りの〝ホームグラウンド〟にしている別寒辺牛川は、ＯＳＯが通る可能性が高かったため、釣り仲間にも声をかけてもらい情報提供をお願いしていた。

横断したポイントを確認すると、動物が通った跡はあるが、足跡の手掛かりは得られなかった。さらに農道を走りながらクマの痕跡を探す。

クマが通る可能性のある細い道路も、一つずつ当たっていく。農道から道道一四号に戻り、さらに南下。左に曲がるとセタニウシの厚岸町営牧場だ。

以前、捕獲檻を設置した際に町営牧場の職員から、クマが頻繁に目撃される場所を聞いていた。牧場に入ると周囲をしっかりと五段の電気柵で囲っている。非常に手間のかかる仕事だが、牛を守るための努力が、ヒシヒシと伝わってくる。

農家から預かった牛を大事に育てて無事に返すのが育成牧場の仕事である。その牛が被害に遭うというのは預かる身として、いかに心苦しいことだろうか。

今年のセタニウシは、私の進言を取り入れて、ＯＳＯが移動に利用する沢伝いではなく牧草地の高台を中心に放牧されていた。クマが入り混む隙を与えていなかったのだ。

赤い賞金稼ぎ

ついでに前年の襲撃現場を確認に行く。すぐ傍には別寒辺牛川の小さな支流が流れている。橋の手前を確認すると……クマが歩いた跡がある。足跡は、約一六㎝弱。

私が睨んだ通り、やはりＯＳＯは、前年、襲撃した場所を再度確認しているようだ。セタニウシを後にして阿歴内へと向かう。

その途中にある町営牧場も、前年、ＯＳＯの襲撃をうけている。町営牧場に沿うように農道を進む。農道から道道一一二八号に出る。もう少し進むと厚岸の知人に教えてもらった〝よくクマが道路を横断する場所〟がある。

そのポイントに差し掛かり、ゆっくり車を進めると……あった。道路脇にハザードを点けて停車し、確認すると、昨夜から今朝にかけてつけられた足跡であることがわかる。セタニウシの足跡より、断然新しい。

ＯＳＯは、セタニウシを回り、この場所に来たのだ。この先を左側に進むと阿歴内。右に進むと中茶安別だ。

ちょうど前日に札幌から駆け付けた関本も近くで足跡の探索をしていたので、連絡をとる。関本は札幌から標茶まで三五〇㎞の道のりを毎週踏破して、捜索に加わってくれていた。その熱意にはまったく頭が下がる。ガソリン代だけでも月に十万円近くかかっている。あまりに頻繁に標茶界隈で目撃される関本の赤いランドクルーザーは、一部の地元の人から「札幌ナンバーの赤い賞金稼ぎ」と呼ばれるほどだった。

さらに北村と清野も合流して、四人でこの新しい足跡を追ったところ、牧草地を横切り、道路を横断していた。ここから森林帯を利用して移動していくとすると、国道二七二号沿いの標茶町の町有林を通るはずだ。

襲撃失敗

八月十八日、例によって標茶町役場の宮澤から連絡が入る。

「首のあたりを傷つけられた牛がいる、と農家の方から通報がありました。獣医の見立てではクマの爪による傷のようです。場所は中茶安別です。これから向かいます」

赤石と二人で事務所を出る。

「また違うんでねぇのか」

「宮澤さんから送られてきた写真を見る限り、確かにクマっぽいぞ」

「どんなもんだかな」

車中で赤石とそんな会話をかわす。

というのも、この頃になると農家も相当敏感になっており、ちょっとでも牛に傷があると「OSOにやられたのではないか」と通報するようになっていたからだ。実際にはクマによる傷ではなく、有刺鉄線による傷や野犬によるものと思われる傷であることも少なくなかった。

今回の現場は、国道二七二号、対策班御用達の中茶安別の「セコマ」から約二kmの位置にある牧場だった。早速、牛舎内にいる牛の傷を確認する。

牛は成牛で体格はいい。肩口に縦に並行して四、五本の傷が走っているが、その傷口は、パッと見ただけでは分からないほどのものだ。さすがに獣医師は、この傷を見逃さなかった。

確かにクマの爪によるものだろう。獣医がこの傷を発見したのは今朝のことだが、傷自体はそれよりも前につけられたものだろうとのことだった。

ＯＳＯは私がお盆休みの十五日に足跡を見つけた時点では、ここから約十㎞離れたセタニウシ近辺にいたはずだが、三日もあればここに来ていてもおかしくはない。

手分けして放牧地付近の足跡などの痕跡を探す。

痕跡を見つけ出すのにしばらく手間取ったが、牛たちが放牧地から戻る際に通る橋の横でようやく足跡を発見する。ちょっとボヤけてはいたが、一六㎝ちょっとの大きさだから、ＯＳＯと見て間違いないだろう。先日の足跡が向かった方向とも合致する。

「やはり中茶安別に行ったんだな」と赤石と話していると関本から連絡が入る。

「（牧草地から）そっちに向かった足跡があるぞ」

急いで関本が捜索している牧草地へと向かう。やはり一六㎝ちょっとの足跡がしっかりと残されていた。周辺を調べると、道路を横断したところには、小川が流れており、その小川の岸辺、上がり際にも足跡があった。

人目につきにくい小川や沢沿いに移動し、目をつけておいた牧場付近でのそりと上がって、最短距離で牛を襲う――これは、これまでの襲撃現場を検証する中でわかってきたＯＳＯの得意とする〝やり口〟である。

「間違いなくあいつだな」

だが今回は、牛を傷つけこそしたものの食害には至っておらず、襲撃としては失敗に終わっている。七月二十七日に生後十四カ月の子牛が襲われて以来、食害という形での被害は出ていない。

例年ＯＳＯは、夏の間、六月末から九月ごろまで牛を襲うが、それ以降はピタリと被害が出なくなる。恐らく秋は牧場周辺で育てられているデントコーンを食べているのだろう。

秋にデントコーンを食べるのはＯＳＯ以外のクマも同じだ。デントコーン畑を確認すると、実がなり始めていた。通常のクマであれば、そろそろデントコーン畑に出入りし始める時期だ。

ＯＳＯがいつ牛からデントコーンへと食料を変えるのかはわからないが、できればその前に勝負をつけてしまいたい。人間の背丈より大きいデントコーン畑の中にクマが入ってしまえば、これを外から見つけるのは至難の業だからだ。

それにデントコーン畑は、どこにでもある。これをあちこち渡り歩かれたら、ほぼお手上げである。

「このクマ、何食ってんだ？」

この頃、私と赤石はＯＳＯの奇妙な食生活に気付いた。

クマは雑食性ではあるが、その実、食糧の八、九割は木の実や山菜など植物性のもので、残りはアリやハチなどの昆虫類、あるいはサケ類などである。

ＯＳＯが出没しているエリアには、フキやセリも多く、普通のクマであれば、いくらでも食べるものがある。秋に実るコクワやヤマブドウもふんだんにある。

ところが我々が襲撃現場の確認に入るようになった七月一日以降、ＯＳＯがこれらの野草を食べた形跡を一度も見ていない。

「ここのフキも食ってないぞ。このクマ、いったい何食ってんだ？」

赤石と二人でフキの群生を見つけるたびに確認するが、やはり食痕は見当たらない。フキやセリはクマの大好物であるはずだが、なぜかＯＳＯは口にしていないのだ。

そういえば、我々が対策班を引き受ける前に何とか捕獲檻でＯＳＯを捕らえようとしていた標茶町の関係者は「ＯＳＯはシカ肉以外の誘因餌には反応しないんです」と話していた。

これは我々が捕獲檻を仕掛けたときも同様だった。我々が使用している特製のハチミツベースの誘因餌は、通常のクマに対しては効果抜群で、まず一発でかかるのだが、ＯＳＯの場合は、反応した形跡がなかったのだ。

一方で他のクマは、しっかり誘因餌に反応して捕獲檻の周りをウロウロしているのがカメラに映り込んだため、慌てて捕獲檻の扉を閉じて、中に入らないようにしたくらいだ。

「ＯＳＯ18は怪物でも忍者でもなく、普通のクマ」というのが私の持論ではあった。だが、こと食に対する嗜好や行動に関する限り、ＯＳＯ18はどう考えても普通のクマとは異なっていると言わざるを得なかった。

またも襲撃失敗

「上尾幌の牧場で傷のある牛がいる。クマにやられたようです」

八月二十日、厚岸町から連絡が入る。厚岸町での被害は今年初だ。

この日も阿歴内付近を探索していた関本と合流して、現場に入る。

放牧していた牛が牛舎に戻る途中の小さい沢付近で襲われたという。怪我はしているが、牛は自力で牛舎に戻ってきている。襲われた牛は成牛で、体重も三〇〇kg程あった。

襲撃された場所は、清らかな湧水が流れている小川のそばだ。

付近にはあちこちにクマの足跡があり、例によって前足の幅は一六cmちょっと。

OSOである。

現場には、OSOにしがみつかれた牛が二〇mほど泥地の上り坂を上って行った痕跡も鮮明に残されていた。OSOはまたしても牛を仕留めきれずに、襲撃に失敗したのである。その足跡は、襲撃現場から南下するように上尾幌の国有林へと消えていた。

今年三月、我々が上尾幌の森を捜索したときに見つけて、私がどうにも気になっていた「上尾幌から南の海岸側へと向かった足跡」は、やはりOSOの足跡だったのである。

この二カ月あまり、複数の襲撃現場を自分たちの目と足を使って検証したことで、過去四年間、ほぼわかっていなかったOSOの実像が明らかになりつつあった。

その最たるものは、OSOの本当の大きさである。

「OSO18」という名前の由来となったように、当初OSOの前足幅は「一八cm」とされていた。前足幅が一八cmあるということは、そこから推定される体重は、およそ三〇〇kgから四〇〇kgという大型の個体ということになる。

ところが我々が今年の現場で見つけたＯＳＯと思われる足跡の前足幅は、前述の通り、どれも一六cmちょっとしかなく、何度測っても一八cmはなかった。

足跡というものは時間が経つほど周辺から崩れてきて、実際の足跡よりも大きくなる。恐らく襲撃初期に見つかった足跡はやや崩れていたため、実際の大きさよりも大きな数字になったのだろうと思う。

たかが数cmの違いと思われるかもしれないが、一cm違えば、そこから推定される身体の大きさもかなり違ってくる。ＯＳＯの前足幅が実際には一八cmではなく、一六cmちょっとだとすれば、推定体重は三〇〇kg前後ということになる。

なぜ殺さないのか

さらにＯＳＯが〝化け物のようにデカいヒグマ〟ではなく、ごく普通サイズのヒグマということになれば、もうひとつ解ける謎がある。

それは、ＯＳＯが牛を襲っておきながら、殺さないケースがあるのはなぜか、という当初の謎である。

この謎については既に書いた通り、地元でも「ＯＳＯはハンティングを楽しんでいるのではないか」という噂もあって、ＯＳＯに怪物じみたイメージを植え付ける一因にもなった。

私自身、最初は「このクマ、どっかおかしいんじゃねえのか」と疑う気持ちもあった。

だが実際には、そこまで大きなクマじゃないとすると、話は変わってくる。

改めて被害記録を見直してみると、死亡した三十一頭のうち、約七割は三歳未満と思われる牛が占めている。その体重は一三〇kgから一八〇kgで、だいたいエゾシカの成獣よりも少し大きいぐらいのサイズ感である。

残りの三割は体重二五〇kgから三〇〇kgの成牛だが、例えば二〇二一年七月に標茶町東阿歴内のS牧場で殺された牛は、現場の痕跡からすると転んだところを襲われたようだった。

一方で上尾幌のH牧場の牛も成牛だったが、こちらはOSOに襲われながらも、これを二〇mほど引きずって難を逃れた。

つまりOSOが殺して食害できたのは、自分よりもサイズが小さい若牛が中心で、それより大きいサイズの成牛となると、仕留めることができるかどうかは半ば運次第だったのではないか。

OSOは牛を殺さなかったのではない。殺せなかったのだ。

OSO18の「プロファイリング」

さらにいえば、これまでOSOの目撃情報が極端に少なかったのは、誰もが〝怪物のように大きなクマ〟と思い込んでいたために、OSOを目撃しながらも、それをOSOだとは認識できなかったからではないか。

後に過去の目撃情報を精査したところ、この二〇二二年だけでもOSOだったと思われる

OSO18と思われるクマ

クマは、阿歴内で二件、上尾幌で一件、五十石で二件、オソベツで二件と、計七回も目撃されていた。これらの地域ではOSO以外のクマの痕跡はなかったため、目撃されたクマはすべてOSOだと考えられた。ただ目撃された当時はOSO＝巨大クマのイメージがあったために、それよりも小さい実物のOSOは見逃され続けたのである。

忍者のごとく神出鬼没であることもOSOの神秘性を高めていたわけだが、意外とカラクリはこんなところだったのかもしれない。

いずれにしろ、この時点で、「OSO18」に関する我々のプロファイリング結果は、以下のようなものだった。

【推定体重】二八〇〜三二〇kg
【前足幅】一六〜一七cm

【体長】二・〇〜二・一m
【推定年齢】十〜十四歳
【食性】フキやセリなど一般のクマが主食とする草木類をほとんど口にした形跡がない。エゾシカや牛など肉食に偏っている可能性あり。
【性格】〝ビビり〟と言っていいほど慎重で、人間の匂いがした場所は徹底的に避ける傾向がある。一方で牛を襲撃する際は、以前一度襲って成功している場所やその周辺を入念に下見した上で襲っている。

驚愕の事実

ＯＳＯ18の被害区域は釧路川を隔てた東側と西側に分かれる。

西側には、古くからデントコーンを栽培している牧場がある。既に述べた通り、デントコーンはクマの大好物であり、ＯＳＯも秋になると食べている。

釧路川の東側にもデントコーン畑はあるにはあるが、西側ほど多くはない。ところがＯＳＯによる牛の被害が多いのはなぜか東側なのである。

これは私にとってひとつの謎だったのだが、思いがけないところからその謎が解ける。

ある人物の案内で上尾幌の森を訪れたのは八月末のことである。上尾幌の森をよく知る彼に案内されたのは、言うなれば「シカ捨て場」だった。

「ここにシカ（の死骸）を置いていくのさ」

そう言って、彼が指差したのは、崖っぷちのような場所だった。三、四m下を沢が流れている。この地形を見た瞬間、私は上茶安別のR牧場の現場を思い出した。沢と崖の位置関係が似ているのだ。ＯＳＯはR牧場で沢伝いに現場までやってきて、沢から上がって丘の上にいる牛を襲った。

同じように、この「シカ捨て場」の地形であれば、クマは人目につかない沢からやってきて、崖の上にあるシカの死骸を沢まで引っ張りおろして、安全な場所でゆっくり食べることができるはずだ。

厚岸町内では、前年にも別の国有林内で森林管理署によってエゾシカの不法投棄が発見されて、問題となっていた。そこには百頭以上のシカの死骸が捨てられていたが、この上尾幌の森には、恐らく年間でその倍以上の死骸が捨てられているものと推定された。

本来ハンターは獲物を自分で持ち帰るか、廃棄物や食肉として処理する施設に持ち込む必要があり、これを怠れば、鳥獣保護管理法や廃棄物処理法に抵触することになる。だが、中にはこうしたシカ捨て場に投げ捨てていく不届き者もいる。

エゾシカの肉はクマにとって最高のご馳走だ。

そして、この上尾幌の森はＯＳＯの行動圏の中にある。

なぜＯＳＯが肉に執着するようになったのか、なぜこの周辺でＯＳＯによる被害が相次いでいるのか——謎がほぼ解けた。

ＯＳＯは、親離れしてすぐぐらいから、この場所に通っていたのだろう。この上尾幌の森は、まさに釧路川の東側にあり、OSOが〝ホームグラウンド〟の狩場としている阿歴内エリアは、直近だ。

デントコーンよりもうまいエゾシカの肉が労せずして手に入る「レストラン」があるのだから、ここから離れるわけがない。このレストランにたまたまシカ肉がないときに、肉を求めてOSOは周辺の牧場を彷徨《さまよ》い、牛を襲っていた可能性が高かった。

同時にOSOが「土饅頭」を作らない理由もわかってきた。

通常、ヒグマという動物は自分が食糧と看做したものを食べ残す場合、土中に埋め、その上から草木や土砂をかけて、他の動物に横取りされないようにする。これが「土饅頭」だが、OSOは牛を殺しても、なぜか土饅頭を作っていなかった。

毎日のように新鮮なシカ肉が持ち込まれる「レストラン」があるから、自分で襲った牛にもそこまで執着しなくなったのだろう。

私は当初、OSOが肉食化した原因は、冬季間に餓死したシカや、交通事故で死んだシカなどの肉をどこかで口にした影響ではないかと考えていた。だが現実は、それをはるかに上回る量のシカ肉を恒常的に与え続けられていたのである。

人間の無責任な悪行が、ヒグマとしての習性をも変えてしまった可能性が高かった。

不審なクマ

九月に入ると、阿歴内、中茶安別付近から、OSOの気配が消えた。

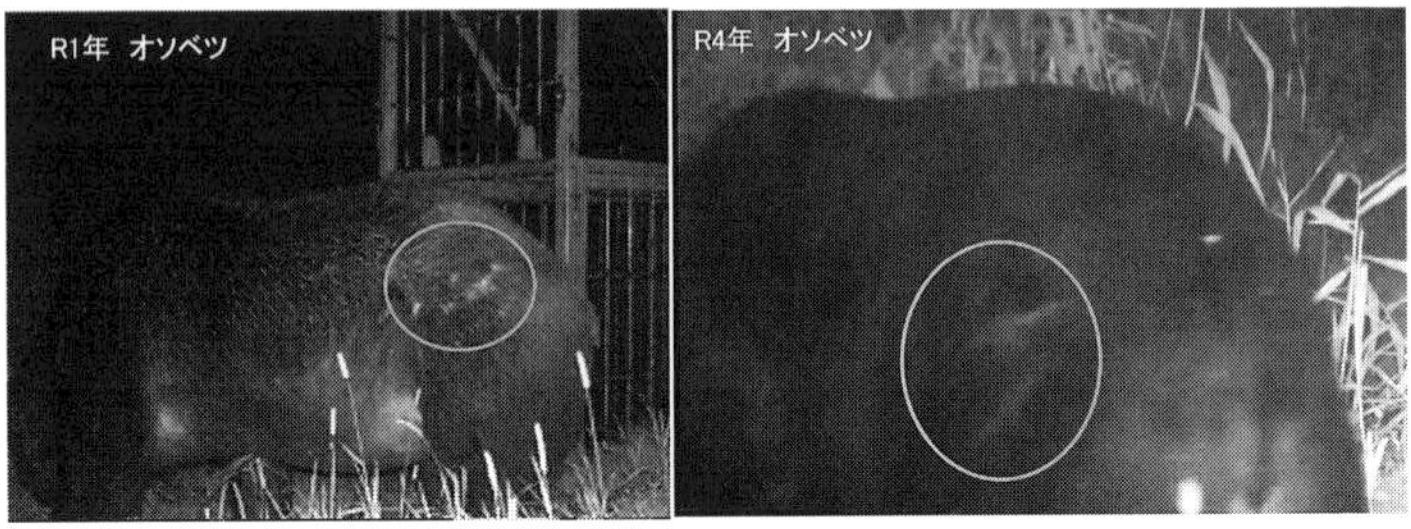

特徴的な二本傷。左が2019年にT牧場、右が2022年にO牧場で撮影

例年、秋になるとOSOはデントコーンを食べているようだった。今年も既にデントコーン畑の方へと移動している可能性があった。

そこで標茶町、厚岸町の役場と相談の上、各町のデントコーンを上空からドローンで撮影し、クマの食害の様子を確認してもらうことにした。

一方で私は上尾幌に隣接するデントコーン畑の見回りに行く。畑の周囲を車で見て回り、気になるところがあれば、牧場の許可をとって、畑の中に入って調べる。

シカの足跡が多い。時折、クマの痕跡を発見するが、OSOよりも小さいクマだ。

数カ所を見て回るが、結局、OSOの痕跡は見つけられなかった。

ドローン部隊の方も、手ごたえはなかったが、とにかくデントコーン畑は至るところにある。数日間をかけてじっくり探すしかない。

すると、オソベツにあるO牧場でトレイルカメラに〝不審なクマ〟が映っているという情報が寄せられた。

この時点で、ＯＳＯを捉えた写真といえば、二〇一九年の襲撃当初にオソベツのＴ牧場の放牧地で撮影された、捕獲檻の前を横切る姿——檻を覆い隠さんばかりに見えるので、「ＯＳＯ18＝巨大な怪物グマ」という世間のイメージづくりに寄与してきた写真でもある——があるのみだった。

　この唯一のＯＳＯの写真と、新たにトレイルカメラに映ったクマの写真を比較すると、〝顔つき〟が似ている。赤石は「相変わらず、ずるい顔してるな」と呟いた。

　さらにＯＳＯの外見には見逃せない特徴がある。

　Ｔ牧場で撮られた写真をよく見ると、ＯＳＯには左の尻から太ももにかけて、二本の線状の傷が走っているのがわかる。「藤本さん、ここに二本、傷がありますよ」と私に教えてくれたのは、ヒグマ対策室の井戸井室長である。

　なぜこのような傷がついたのかは後に判明することになるのだが、改めてトレイルカメラの写真を確認すると、やはり左の尻から太ももにかけて二本の傷がある。

　間違いない、こいつは「ＯＳＯ18」だ。

　すぐにトレイルカメラが設置された現場へと向かう。

　そこはオソベツにある牧場のデントコーン畑だった。

　このデントコーン畑には、一カ月で約六五〇㎞を移動したヒグマ「黄色」も何度も入り込んでいた。猟友会標茶支部の後藤によると、この牧場付近の道路で、二〇二一年の狩猟時期に本州から来たハンターが大きなヒグマを目撃したこともあったという。

このクマがＯＳＯだとすれば、襲撃の始まった翌年というかなり早い段階から、この牧場のデントコーン畑に通っていたことになる。

第五章　二〇二二年・秋

咆哮

ＯＳＯ18の名前の由来となっただけあって、標茶町オソベツ付近は、阿歴内に次いでＯＳＯが好んで徘徊する場所のようだ。それには理由がある。

この付近はハンターの出入りが多く、シカの残滓も多いのである。

九月中旬、このオソベツで私、赤石、清野、北村の四人でＯＳＯの「コール（おびき寄せ）作戦」を実行することになった。

おびき寄せに使用するのは、エゾシカ猟で使用する「ディアコール（シカ笛）」だ。

シカ笛とは、雄ジカが求愛のときに出す声を真似たもので、シカ猟に用いる場合は、発情期の雄ジカを呼び寄せるのに使う。このシカ笛の音を、自分の縄張りに入り込んできた別の雄ジカが求愛していると勘違いした雄ジカは、すっとんできて、これを追い出そうとする。大型の雄になればなるほど、このおびき寄せに引っかかる。

このシカ笛をＯＳＯのおびき寄せに使おうというのである。

そんなことができるのか、と思われるかもしれないが、これはＯＳＯがエゾシカを主に食べているクマだから成り立つ作戦であることは言うまでもない。

具体的には、ＯＳＯの写真が最初に撮影された牧場から釧路湿原に向かって二手に分かれて移動しながら、シカ笛を吹いてＯＳＯを呼ぼうということになった。

おびき寄せ作戦

先に清野と北村が持ち場に付く。私と赤石は、まだ移動中だったが、北村がシカ笛でコールをかけた。一回、二回……何の反応も返ってこない。ＯＳＯからの反応はなくとも、雄のエゾシカがいれば、「鳴き返し」が返ってきてもよさそうなものだが――。

三回目のコールの後だった。

「グオォーーン！」

湿原に獣の咆哮が響き渡った。明らかにシカではない。

まるで度重なるコール音に、「うるさい！」とイラだったたような叫びである。

雄叫びが聞こえたのは、今、まさに我々が向かっていた場所でもあった。

慌ててこちらの方に車で移動してきた清野と北村と合流して、四人で雄叫びのした方向を見張る。

クマを獲る時間の大半は、追いかけることと待つことに費やされ、クマの姿を見るのは撃つ前のほんの一瞬でしかない。特に警戒心の強いＯＳＯは既に一年近く自分を追ってきている私と赤石の存在は認識している可能性が高く、これを捕獲するには、「我慢比べ」しかない。とにかくじっと待つことにクマ撃ちの極意がある。

三時間その場で待ちながら、何度かコールをしたものの、その日はそれ以上何も起きなかった。

この場所は、以前ＯＳＯが道路を横断した五十石まで約三㎞、さらにお気に入りのデントコーン畑があるＯ牧場までも約三㎞に位置し、ＯＳＯが必ず通る道のはずだ。

あの雄叫びをあげたクマがＯＳＯであったかはわからないが、私の耳にその残響がいつまでも残っていた。

デントコーン畑の攻防

標茶町の宮澤を通じて、ＯＳＯが通ってきているデントコーン畑の所有者であるＯ牧場に全面的な協力をお願いする。

この牧場のデントコーン畑は、約三〇ha。そこに人間の背丈以上に成長したデントコーンが一面に実っている。その畑の中に入ると視界は、一ｍほどしかきかない。クマにすれば、人間の目から隠れて好きなだけ食べていられる場所ということになる。

この牧場から三㎞離れた場所には、もう一カ所デントコーン畑があった。

ＯＳＯの行動パターンとして、以前来たことのある場所から少しずれた場所に出没するケースもある。前回来たときに〝下見〟をしているのだろう。

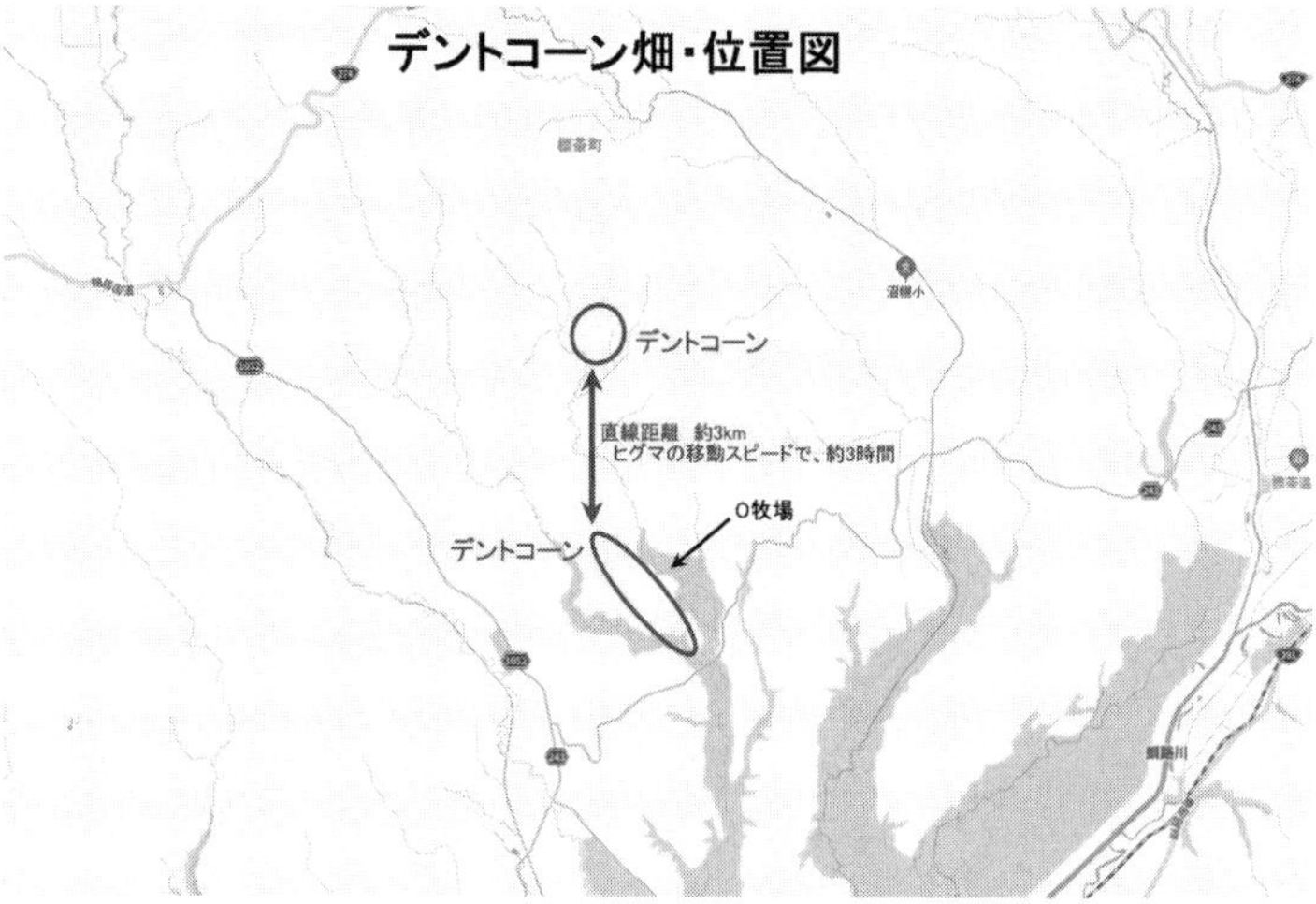

Google Earth

こちらの牧場にＯＳＯが現れる可能性もある。

そこで標茶農協の束理《かんり》雅也課長にデントコーン畑の上空にドローンを飛ばしてもらい、クマが入り込んでいる形跡がないかを探してもらった。デントコーンの食い方はクマによって多少異なるが、畑の中に腰を下ろして自分の周りのデントコーンを三百六十度、片端から食べていった場合は、上空からみるとまるで「ミステリーサークル」のように綺麗な円形が現れる。

案の定、ドローンで確認すると、このデントコーン畑には五カ所ほどクマが食い荒らした痕跡があった。ドローンからの映像では、クマがデントコーン畑の周辺に張り巡らされた電気柵の下の土を掘って、畑に入り込んだ侵入経路もはっきりと映っていた。

デントコーンをクマが食害した痕跡

このクマがＯＳＯかどうかはわからなかったが、過去の行動パターンに照らして、ＯＳＯである可能性は高いように思えた。

明らかになった新事実

このＯ牧場の牧場主と話している中で、いくつか興味深い発見があった。

ひとつはＯＳＯによる牛の襲撃が始まった時期が、従来言われているよりも若干早かったかもしれないということだ。

これまでは二〇一九年七月十六日、オソベツの牧場で一頭の牛が殺されたのがＯＳＯによる最初の被害とされていた。そして二件目が同年八月五日。標茶町新久著呂付近の共同牧野で殺された牛が発見されたのだが、この牛を見つけたのが、このＯ牧場の牧場主であったという。

「ここの牧野には一カ月以上行ってなかっ

たんだわ。で、放牧した辺りに牛がいないんで、探し回って、見つけたのが八月五日だったんだ。だから最初に牛が殺られたのは、（七月十六日よりも）もっと前だったかもしれないな」

この牧場主の証言からは、ＯＳＯによる襲撃が人間に気付かれぬまま最長一カ月に亘って続いていた可能性も浮上してくる。この牧野では八頭の牛が襲われて、四頭が死亡、二頭が負傷、二頭が不明となった。この被害数は、ある程度の期間に亘る蓄積であったろう。

この空白の一カ月の間にＯＳＯは牛の襲い方を覚え、その味をじっくりと覚えた――ＯＳＯにとっては牛を狩る練習場のような場所だったのかもしれない。

二本の傷痕は何を意味するのか

牧場主との話の中でもうひとつ、興味深かったのは、ＯＳＯの傷痕をめぐる話だった。

ＯＳＯの左の尻から太ももにかけて、二本の傷痕があることは既に述べたが、その傷がついたときの状況がわかったのである。

襲撃が始まった当初、標茶町が仕掛けた捕獲檻にＯＳＯらしきクマが掛かったものの逃げられたという話は、最初の対策会議の際に聞いてはいた。

牧場主の話で初めてわかったのは、その捕獲檻の開閉扉の下側がギザギザ状に尖った形状をしており、そこにクマの体毛がついていた、ということである。

その結果、何が起こったのか。以下は推測である。

襲撃開始当初、まだ捕獲檻にかかった経験のなかったＯＳＯは、標茶町が仕掛けた捕獲檻の奥に置かれた誘因餌につられて、手を伸ばしてそれをとろうとしたはずだ。檻の奥行きが短いため、上半身だけ檻の中で、下半身は檻の外に出るような恰好だったろう。ようやく餌に手が届いた瞬間、装置が作動し、開閉扉が落ちた。

ＯＳＯの全身が檻の中にあれば、これで捕獲できたはずだが、開閉扉はＯＳＯの下半身に引っかかって、閉じ切らない。

驚いたＯＳＯは檻から飛び出して、一目散に逃げた。以降、捕獲檻には絶対に近づかなくなった。その左の尻から太ももにかけて、開閉扉のギザギザで傷がついた——。

徹底して人間の匂いと罠を避けるＯＳＯ特有の行動は、このときに「痛い思い」とともに捕獲檻というものを学習したことによるものと思われる。

「括り罠」で勝負をかける

さてＯ牧場のデントコーン畑にＯＳＯらしきクマが入り込んでいることがわかった。だが牧場主によるとあと一週間ほどで、デントコーンの刈り入れが始まるという。残された時間は限りなく少ないが、何とか刈り入れまでの一週間で勝負をかけるしかない。

そこで我々が選んだ作戦はＯＳＯがまだ経験していない「括り罠」での捕獲だった。「括り罠」とは、獲物の通り道にあらかじめ設置する罠で、ワイヤーでできた「輪」の中に獲物が足を踏み入れると、バネが作動し、ワイヤーが一気に締まって獲物の足を捉える仕組みである。

括り罠。「輪」に獲物の足が入るとワイヤーが一気に締まる

北海道では、通常ヒグマに対して括り罠を使用することは禁止されている。ヒグマに対してこれを用いる場合、罠へのかかり具合が甘かったり、罠そのものの構造が弱いと逃げられてしまうだけでなく、中途半端に傷つけられて、怒り狂った〝手負い〟のヒグマを生み出してしまうリスクがあるからだ。

だが、我々はヒグマ対策室長の井戸井が釧路総合振興局にいた頃から、OSOに対して「括り罠」を使用する可能性を話し合っていたので、今回、使用の許可が下りた経緯がある。

今回の作戦で使用する括り罠は、直径二〇㎝、ワイヤーの太さは六㎜という道庁に特別な許可を得たスペシャルバージョンで、ヒグマが相手でもリスクはない。

九月二十八日、オソベツのO牧場に、私、赤石、標茶町の宮澤係長、釧路総合振興局の川島とで集まり、括り罠の設置を行う。

今回は、OSOが出入りしている二カ所に絞り込み、合計三基の罠を仕掛けた。罠の設置は赤石が単独で行う。匂いに敏感なOSOになるべく怪しまれないようにするためだ。

括り罠の「肝」は、いかに罠を踏ませるかということに尽きる。

クマがどこから現れ、どこを歩き、どこで立ち止まるのか。

クマの行動を予測したうえで、どの場所でどちらの足で罠を踏ませるかまでを正確にシミュレートする必要がある。これはヒグマの習性を熟知した赤石が得意とするところだ。赤石は、クマを罠へと誘導するため、倒木を利用して、これをクマに跨がせるルートを作り、さらに段差になっている場所には、スコップで土を積み上げて「階段」まで作った。

やはりOSOだった

九月三十日、デントコーンの刈り入れが始まった。

その作業の間、対策班メンバーがほぼ全員揃ってライフルを持ってデントコーン畑を取り囲んでいる。もし畑の中にOSOが入り込んでいたら、コーンハーベスター（収穫機）の音で驚いて飛び出してくる可能性があるからだ。OSOは基本的に人目のつかない夜に行動するので、その可能性は低いが、万が一に備える。

バリバリバリバリバリ……大型コーンハーベスターが轟音とともに凄い速さでデントコーンを

刈り入れていく。

デントコーン畑の側にはコッタロ川が流れ、その周囲は小さな湿原となっている。湿原にはクマが身を隠すのに適しているヨシが密生している。この川沿いを伝ってOSOはデントコーン畑に通ってくるものと思われた。

畑へと入る手前に一段高くなった場所があり、我々はそこに括り罠を仕掛けていた。実はこの日の朝、罠を確認にいくと、見慣れた足跡が罠のすぐ手前まで来ていた。もう少しだけ上がってくれていれば、罠に踏み込んでいたはずだ。

残念ではあるが、相手が相手である。

周辺には他のクマの足跡もあったが、我々が予測した通りの人目につきにくい侵入経路から出入りしているのは、一六㎝ちょっとの見慣れた足跡だけだった。

とにかくこれで、このデントコーン畑にOSOが通ってきていることがはっきりした。OSOの足跡は畑に入る手前で引き返しているが、また別の場所から入り直してる可能性もゼロではない。長丁場に備えて各自がおにぎりを持参し、見通しのきく高台で目を光らせる。

我々の目の前をハーベスターが通り過ぎるたびに、デントコーン畑は小さくなっていく。いよいよそれが五〇m四方に近づいた時、エゾシカが一頭、中から飛び出してきたが、やはりクマは入っていなかった。

思わぬ誤算

デントコーンの刈り入れは終わってしまったが、チャンスはまだある。

今日は畑の手前で引き返したOSOは、既にデントコーンが刈り入れられてしまったことをまだ知らない。次にやってきたときに、初めてそこに何もなくなっていることに気付くはずだ。

案の定、それから三日後の十月三日未明、OSOは、コーン畑の確認にやって来た。

そのことがわかったのは、その日、括り罠を確認にいったときだった。

驚いたことに、OSOの足跡が括り罠のワイヤーの中に残されていたのである。

「えっ、どういうことだ?」

それを見つけた赤石が声をあげた。獲物がワイヤーの中に足を踏み込めば、跳ね上げ装置が作動して、獲物を捕らえているはずだ。なのにその姿がないということは、罠が作動しなかったことを意味していた。

「あら〜、まいったな!　安全装置が掛かったまんまだ」

罠を確認した赤石が頭を抱えた。罠の安全装置を外すのは、設置段階の最後の最後だが、普段の赤石からは考えられないような「うっかりミス」だ。

それでも赤石は、「いやいや、まだ大丈夫だ。罠が作動しなかったんだから、奴は、まだここに罠があることに気付いていない」と、項垂れるメンバーたちに声をかける。

そうだ、まだチャンスはある。デントコーンは刈り入れられても畑には、零れ落ちたコーンが落ちている。シカもタンチョウヅルもクマもその〝落穂ひろい〟にやってくるのだ。デントコーンに目がないOSOも必ずまたやってくるはずだった。

気を取り直して、もう一度、丁寧にカモフラージュを施し、括り罠を仕掛ける。

今回は失敗したが、OSOはもう手の届くところにいる。次こそは……メンバーの誰もがそう意気込んでいた。


その二日後、早朝の罠の見回りを担当してくれている標茶町の北村から連絡が入る。

「罠は作動しているんですが、クマはかかってません！」

今度は間違いなく罠は作動した形跡があるようだが、逃げられてしまったようだ。いったい何が起きたのか――。

その日の午後、赤石と現場へ向かい、罠の動作を何度も確認しているうちに、逃げられた原因が見えてきた。

本来、この罠は本州でイノシシ用に作られたもので、四㎜のワイヤーを跳ね上げるように作られている。だが今回、我々はOSOのパワーを考慮して、一回り太い六㎜のワイヤーに変更していた。

どうやらワイヤーが重くなった分、本来より跳ね上げスピードが遅くなってしまった。さらに罠を跳ね上げるリーチが短かったため、罠は作動したのに、OSOに逃げられてしまったようだった。

今から新しい罠を用意する時間はない。私と赤石は穴の深さを深くするなど、多少跳ね上げのスピードが遅くなっても、うまく作動するようにセットし直した。

度重なるミスは痛かったが、前例のないことだから仕方ない。

次こそ、と願いながら現場を後にする。

OSOの〝落穂ひろい〟

括り罠を仕掛けてから一カ月近くが過ぎようとしていた。

デントコーンも刈り入れられ、OSOがどこかに移動しても良さそうなものだが、川沿いには新しい足跡が付いている。

十月一日からエゾシカ猟が解禁となっていた。この辺りはハンターの出入りが多い場所でもあり、付近に半矢となったエゾシカや、ハンターの置いていった残滓もあるはずだ。

それらの肉に楽にありつけることを知っているOSOが、ここを離れる理由はないのかもしれない。

一方でOSOは依然としてデントコーン畑に〝落穂ひろい〟に通って来ていた。畑には四カ所ほどOSOが出入りに使っている場所があるのだが、OSOは毎回巧みに使用する出入口を変えながら、括り罠は踏まないという状況が続いていた。

そこで札幌から毎週通ってきている関本は、デントコーン畑を見渡せる見晴らしの良い場所に車を停め、そこで車中泊をしながら、見張りをすることにした。こういうときの関本のバイタリティには、目を見張る。

十月二十九日のことだった。車の中で夜を明かした関本は、夜が明けるとすぐにコッタロ川の川岸に仕掛けた罠の確認へと向かう。だがＯＳＯが来ている様子はない。

車に戻ると助手席の買い物かごに積まれたお菓子やおにぎりを食べながら、時間を過ごす。午前九時を回った頃、もう一度、罠の確認へと向かいながら、左右の湿原にＯＳＯの足跡がないか、目を配る。

ＯＳＯの湿原の歩き方には特徴がある。

ＯＳＯは湿原ではヤチボウズの上を器用に歩くのだ。

湿地帯では歩くべき場所から一歩足を踏み外すと、たちまち人間の膝くらいまで埋まってしまうものだが、このヤチボウズの上を歩いていけば、その恐れはない。

さらに湿地に足跡を残すこともない。

やはり、一筋縄ではいかないクマ、と認めざるを得ない。

ＯＳＯに吠えられた男

罠を仕掛けたコッタロ川に出たところで関本は、不意に獣の気配を感じ取った。

次の瞬間、川の向う岸から、クマの咆哮を浴びせられた。

「ウオォォーン！」

それは湿地の谷間に響き渡るほど凄まじい声だった。

湿原の中はヨシが密集しクマの姿は確認できない。だが、この付近ではＯＳＯ以外のクマの足跡などは確認されていないので、吠えたのはＯＳＯと見てよい。

クマが吠えるのは、「これ以上、近づくな」という警告の意味であることが多い。

関本もまさにＯＳＯに警告を受けたのだが、間の悪いことに手元に銃がない。一〇m離れた立ち木に銃を立てかけたまま、罠の見回りに出てしまったのである。

この足跡を最後にOSOは湿原へ消えた

「しまった」と臍《ほぞ》を噛む。もしＯＳＯが向かってきたら、一巻の終わり、である。

関本は声のした方向を見据えながら、後退りで少しずつ間を空けていく。

新得のデントコーン畑で何度もクマとの接近戦は経験しているが、今回の相手はＯＳＯである。緊張の度合いが違う。そしてさすがに丸腰というのは初めてだ。

慎重に時間をかけて、銃のところまで戻ることが出来た。

高さ二mにまで生い茂ったヨシは、視界をほぼ遮っている。銃を手にしても、この中に一人で入っていくのは、生きるか死ぬか、というより自殺行為に近い。

無理をしないのが賢明だ……関本は車まで戻り、離れた場所から今の場所を見張ることにした。距離は、二八〇ｍほど。ライフルの射程圏内である。

静かな緊迫した時の流れの中で〝根競べ〟が続いたが、ついに日没を迎えた。

これは後に足跡を確認してわかったことだが、翌日未明、ＯＳＯは、コッタロ川を下って釧路湿原方面へと姿を消した。デントコーンのなくなった畑にようやく見切りをつけたのだろう。

デントコーン畑を見切る最後のだめ押しとなったのが、この関本との接近遭遇であったことは想像に難くない。

コッタロ湿原の探索

ＯＳＯが釧路湿原に向かった日、道路上に残されたＯＳＯの足跡を計測することができた。その前足幅は一六㎝程。土や泥の上とは違い、硬いアスファルト上に残っている足跡は、過去の経験上、もっとも実寸に近い。間違いなくＯＳＯだ。

それらの足跡が示していたのは、デントコーンが刈り入れられた後も、一カ月ほど同じ場所に滞留していたという事実である。ＯＳＯは近くにある別のデントコーン畑と行き来し、ハンターの逃したシカを探しながら、このエリアを他のクマから守っていたのかもしれない。

ＯＳＯが湿原方向に消えてから二日後の日曜日、対策班メンバーが集まった。

釧路湿原の北東にあるコッタロ湿原においても捕獲許可は出ている。

ただ探索は容易ではない。湿原にはヨシが密集して視界が悪い上に、至るところにヤチマナコが存在する。これは湿原の中で自然にできた池なのだが、壺型の形状で、表面に「眼（マナコ）」のように見える水面は小さくとも、深さは三mほどもある。誤ってこれに踏み込んだ動物が脱出できずに死んでしまうことも珍しくない。

この日は、OSOが下って行ったと思われるコッタロ川を挟むように足跡を追った。まず中武がコッタロ川を単独で下ることになった。川を下る中武の左側には、コッタロ湿原に突き出るように〝半島〟がある。この半島で私と赤石、清野、北村がコッタロ川を見通せる位置についた。

反対側、つまり中武から見て右側にも〝半島〟があり、コッタロ湿原展望台がある。そこには別海町の藤巻と関本がいて、やはり湿原を見張る。

中武が下ってくる川のどこかにOSOがいれば、どちらかの半島に出てくるかもしれない。だが二㎞ほど川を下ったところで中武から「今から戻る」と連絡があり、全員持ち場を離れる。空振りだ。

もしかするとOSOは、釧路川を渡り、また自分のホームグラウンドへと戻ったのかもしれない。釧路川沿いにも、釣り人がよく川を渡るクマを目撃するポイントがあるので、私と赤石ら四人で痕跡を求めて丹念に見ていく。

釧路川と並行している道路沿いは、無数のエゾシカの足跡で埋め尽くされていた。人の足跡もクマの足跡もかき消されんばかりの数である。

標茶、厚岸におけるエゾシカの生息数が夥《おびただ》しいものになっていることは、ＯＳＯの探索を始める以前からある程度、認識しているつもりだった。だが、この半年で、さらに尋常ではない数になっていることに驚くばかりだ。

今でこそ道東の至るところでエゾシカを見かけるようになったが、今から三十年ほど前までは道東に、エゾシカはほとんどいなかった。

当時エゾシカが生息するのは風が強くて冬でも雪が少ない摩周岳付近に限られていて、エサとなる植物が雪で埋もれてしまう平地では、ほとんど見かけなかったのである。

だから当時は、日中、山の中をさんざん捜し歩いて、シカの足跡を見つけたときは、「今日は一つ、見つけたぞ」と嬉しくなるほど貴重な存在だった。だから「巻き狩り」という大がかりな手法をとる価値があったのである。

それが近年、牛の乳量を増やすために牧草の改良が進み、その栄養価の高い牧草を食べるようになったエゾシカが爆発的に増えて、そのまま平地に定着するようになった。

今では道東の至るところにシカが溢れていると言っても過言ではない。

木の葉が落ち、狩猟期を迎えた今、エゾシカも身を隠せるヨシが密集する湿原に集まっているようだ。ここに集まっているシカを冬眠前のＯＳＯが狙う可能性もある。

これから積雪があるまで、釧路湿原はＯＳＯの出現を最も警戒すべき場所となった。

ＯＳＯを狙う道外のハンター

ＯＳＯが湿原に姿を消したのが十月二十九日。

既に十月一日には狩猟が解禁となっており、エゾシカを狙うハンターが本州や道内の別の地域からこの地を多く訪れるようになっている。その中には密かにＯＳＯを狙う「腕自慢」のハンターも少なくないと聞いていた。

「もしかしたら誰かがＯＳＯを獲っちゃうかもね」

「その可能性は否定できんよな」

この時期は対策班のメンバーが集まると、どうしても、この話になる。

エゾシカ猟に来るハンターは、「３００ウィンチェスターマグナム」あるいは「３３８口径」といったライフルを持ってくる人が多い。我々はＯＳＯの体重を三〇〇kg前後と推測していたが、これくらいのサイズのヒグマであれば、彼らが持っているライフルで二〇〇ｍの距離から発砲できれば、捕獲できる可能性は非常に高くなる。

だが十一月が過ぎ、暦が十二月へと移っても、未だ道東に入っているハンターからヒグマの目撃や捕獲情報は一件も聞こえてこない。どんなに獲れない年でも、十二月に入る頃には、一頭や二頭は獲れているはずなのだが――。

「今年のクマはどこいったんだ？」

「こんなにクマが獲れねえってありえないよなあ」

対策班メンバーもOSOの探索は続けていたが、溜息をつくしかない。

何よりも十二月に入ったというのに雪がほとんど降らない。

もともと北海道の中でも釧路地方は降雪量の少ない地域であり、初雪も遅い。

赤石はよく「二回目の降雪」というフレーズを使う。五十年近くヒグマを追っている赤石の体に染みついた感覚として、二回目の降雪があるとクマたちは一斉に冬眠に入るのだという。この赤石の言葉に従えば、最初にまとまった雪が降ってから、二回目の降雪までが、クマの足跡を追って、銃で捕獲する最後のチャンスということになる。

いつもと異なる冬

だがこの二〇二二年の冬は、例年と異なる点が二つあった。

ひとつは、降雪はないが、気温低下が激しい、という点。もうひとつは、朝方の冷え込みが極端に厳しい、という点である。

標茶町の朝の気温は、連日マイナス一五℃を下回り、低いときにはマイナス二〇℃まで下がった。

いつもと異なる冬の異変は、クマたちの行動にも変化を及ぼした。

赤石が言うところの「二回目の降雪」どころか「一回目の降雪」もないうちに、道東中のクマが一斉に冬眠し出したのである。いつもならこの時期にはまだあるはずのクマの目撃情報や痕跡がまったく途絶えたことから、それは明らかだった。

いったい何が起きたのか。

改めて過去のデータをもとに、日々の気温と積雪量の変化とクマの動きの関連を精査すると、新たな「仮説」が浮かび上がってきた。

それは、日中の気温がマイナス気温となる日がある一定期間続くことが、クマたちの冬眠の「スイッチ」を入れているのではないか、という仮説である。

従来は一定期間マイナスが続く時期と二回目の降雪の時期が被っていたため、降雪が冬眠のスイッチとなっているのではないか、と考えていた。だが、実は日中の気温が直接関係していたのだとしたら、二回目の降雪がないのにクマたちが冬眠に入った理由は説明がつく。まだ科学的に証明された説とは言えないが、ＯＳＯの追跡で得られた副産物といえる新たな知見ではある。

いずれにしろ、この冬のように雪が無く、極端な低温が続くと、クマを追うのは難しくなる。地面は氷土となり深さ二〇㎝まで凍りつく。いくら湿原でも、あっと言う間に氷の世界だ。むろんその上をクマが歩いても、足跡が残るはずもない。

十二月二十三日、ようやく釧路地方でまとまった量の雪が降った。

この初積雪は道東一円に停電の被害をもたらすほどの低気圧が降らせたものだったが、なにしろ遅すぎた。我々はこの年、最後のチャンスにかけて釧路湿原を中心に探索を続けたが、十二月二十四日に二回目の降雪。これで間違いなくＯＳＯは冬眠に入ってしまったはずだ。

タイムアップである。

結局、二〇二二年は七月以降、八十日あまり、標茶町に通ったことになる。

残念ながら捕獲には至らなかったが、何も手がかりがないところから始めて、ＯＳＯを確実に追い詰めている手ごたえは十分に感じ取っていた。

第六章　二〇二三年・春　異変

年が明けて二〇二三年となった。

ＯＳＯ18が冬眠から目覚める三月までが、私にとっては少しだけゆとりのある時期ということになる。この間にこれまでの状況をまとめ、担当部局と打ち合わせを繰り返しながら、今年の方針を決めていく。

例によって別海の松田の牧場のガレージで、対策班の作戦会議を行う。

「今年は、これまでと違って、ＯＳＯの居場所をほぼ特定できている。探索場所を絞って、今度はこちらが仕掛ける番だ」

私の言葉にメンバーが頷く。

昨年の今頃は、どこにいるかも判らない〝忍者グマ〟の影を追って、闇雲に探し回るしかなかった。だが今年は上尾幌の森と、昨年ＯＳＯが姿を消した釧路湿原北東部のコッタロ湿原の二カ所に探索場所を絞りこむことができていた。これは大きな違いである。

探索に投入したスノーモービル

早すぎた雪融け

いよいよヒグマが冬眠から目覚める三月となった。残雪期は、冬眠穴から出てきたクマの足跡を追いやすい。

ただひとつ懸念があった。

とにかく雪が少な過ぎるのである。この冬は昨年十二月に遅い積雪となって以降、ほとんど雪が降らなかった。普段であれば、一〇cm近くは積もっているが、せいぜい数cmでしかない。雪が少なければ、それが融けるのも早い。必然的にクマの足跡を追える時期も極端に短くなる。

三月四日、二〇二三年最初の探索場所は、上尾幌国有林である。

この日は、二台のスノーモービルで探索し、OSOの足跡が発見された場合に備えて、対策班メンバーも待機する。

上尾幌の森には、大きく分けて三本の林道が通っている。この林道上を足跡を求めてスノーモービルで踏破していく。

狩猟が禁止され、普段はスノーモービルの乗り入れも禁止されている森の中には、エゾシカの群れが数多くいた。可猟区から逃れてきたのである。彼らはここに逃げ込めば、ハンターに撃たれることはないと知っている。

一方で、これだけのシカがいるということは、餓死等で死ぬシカも相当数いるということだ。ＯＳＯもこの森のどこかにいるはずだ。

目星を付けた林道を、何度も繰り返し走る。同じ場所を何回も通ることで、前回通ったときとは異なる〝変化〟に気付くことができる。

だが行けども行けども、何の手がかりもない。翌日も、その翌週も空振りであった。

「どこ行っても何の足跡もないな。どこ行ったもんだべな」

「でも（冬眠から）起きてればどっかに足跡残すよね。これだけ雪降ったんだから絶対どこかに残すんだ。それがないんだもん、ひとつも」

対策班のメンバーも、首をひねる。

「場所違うかよ」

赤石が言った。上尾幌国有林でないとすれば――。

「あっちも見てみるか」赤石の鶴の一声で三月の三週目からはオソベツを探索する。

「あいつ（ＯＳＯ）はシカについて歩くクマだから、とにかくシカのいる所をみるべ」

赤石の言葉通り、エゾシカの越冬地となっている海岸に近い区域とは比べ物にならないが、湿原を取り巻く丘陵地にも越冬しているエゾシカが多くいるのが確認できた。

一方で三月も三週目ともなると、森から雪が消えそうなくらい雪融けが進んでいた。

残雪期捜索のタイムリミットが迫る中、三月最後の週末に標茶町の宮澤から「足跡らしい情報がありました」との連絡があった。

「場所は?」

「コッタロ湿原展望台です」

昨年、OSOが最後に姿を目撃された方向にあり、OSOと攻防を繰り広げたデントコーン畑からは、もっとも隠れやすい場所ではある。すぐに上尾幌からコッタロ湿原へと移動する。現場についてみると、恐れていた通り、雪はすっかり消えていた。

それでも展望台へと向かう階段を一列になって上りながら足跡を探していると、最後尾を歩いていた私の目にクマの足跡が飛び込んできた。

だがその足跡は鮮明ではなく、どうやら数日経ったもののようだ。大きさも一五㎝、とOSOにしてはやや小さい。通報を寄せてくれた住人によると、この付近でクマの冬眠穴を見たこともあるという。

空しき轍

翌日、前日にクマの足跡が見つかったエリアを中心に対策班メンバー総勢十名で巻き狩りを行うことになった。

〝勢子〟は赤石組と松田組の二組、それぞれ二名と三名に分かれた。

〝待ち〟は、勢子が追ってくる前方に構えている。すると赤石から無線が入る。

「足跡あったけど小さいな。（ＯＳＯとは）違うクマだな」

赤石組が探索している場所は、いかにもクマが好みそうな沢である。

「雪は、何もないぞ。沢の泥の上に足跡がある」

足跡を見つけるたびに赤石から連絡が入る。「沢の泥の上」とサラリと言っているが、普通のハンターであれば、まず見つけられない足跡である。

こうしている間も追ってくる人間の気配を察知したＯＳＯが〝待ち〟のいる方向へと逃げてきているかもしれない――。

〝待ち〟についているメンバーは、トドマツの群生に目を凝らす。

関本も〝待ち〟だったのだが、いつものごとくじっと待っていられずに、勢子のやって来る方向へと、歩いていってしまう。何とか自分で見つけたいという思いが強いのだ。

やがて二つの谷を越え、勢子の赤石組、松田組が合流し、「待ち」の前に出てきた。

四時間に及ぶ巻き狩りは、空振りに終わった。その後、雪が消えて林道に車を入れられるようになってから、私は単独で二回ほど釧路湿原での探索を行ったが、新たな足跡を見つけることはできなかった。

タイヤの轍だけが空しく林道に残る。

いよいよ動き出した

この年、標茶町は、町内十六カ所に「ヘアトラップ」をかけていた。

ヘアトラップにはトレイルカメラもセットしてあるので、個体確認もできる。そのトレイルカメラには、ＳＩＭカードが装着されており、シャッターが下りると登録しているメールに通知が届く仕組みになっている。

我々がクマの行動観察にトレイルカメラを使いだしたのは二〇〇八年ごろで、これは国内でもかなり早い方だった。当時は一台三万円もしたが、現在はその三分の一の価格で買えて、画素数は十倍以上良くなっている。

ヘアトラップは過去に被害があった現場近く、ヒグマの目撃が多い区域に仕掛けてある。お隣の厚岸町も三カ所にヘアトラップを仕掛けた。

そもそもＯＳＯの問題がここまで長期化してしまった背景には、ＯＳＯの襲撃現場が標茶町、厚岸町の二つの自治体にまたがっていたため、なかなか迅速な情報共有や連携した対策が難しかったことがある。私たちが対策班として関わるようになってからは、そうした自治体間の垣根は取り払うことを心掛けていた。

そして世間がゴールデンウィークへと突入した五月三日、標茶町の中茶安別町有林（パイロットフォレスト）のヘアトラップに大型のクマが来た、という連絡が入った。

いよいよ動き出したか……。

思えば今年の春は、あまりにもクマたちが静かだった。そのエリアで大型のクマというなら、ＯＳＯかも知れない。

早速送られてきた画像には、地面に這うようにしているクマを背中から捉えたカットが映っていた。

「判りにくいな」

「もう少しカメラが近いといいんだけど」

赤石と二人で写真を見るが、OSOかどうかの判定はなかなか難しい。

後日、この写真が撮られたヘアトラップの現場に赤石と確認へ向かう。この現場は二〇二一年九月に被害のあった茶安別の牧野に近い。

果たして、ヘアトラップ付近には前足幅一六㎝ちょっとのお馴染みのOSOの足跡があった。

大型ヒグマが続々と

OSOの襲撃が始まる夏が巡ってきた。

OSOの行動パターンを予測して仕掛けたヘアトラップやトレイルカメラがOSOを捕捉した時点で、今年こそ「括り罠」で捕獲を試みることになっていた。

昨年の失敗を活かして、今シーズンの括り罠は、ワイヤーの跳ね上げスピードを上げ、さらにより高くワイヤーを持ち上げるように改良している。

あとはOSOが現れるのを待つだけだが、この夏もちょっとした異変があった。

標茶町に仕掛けたトレイルカメラは、何か動くものを捉えると自動で撮影し、その映像が

OSO より大型のクマが続々とやってきた

電送されるのだが、早くもヒグマの映像が次々と送られてくるのである。

こんなことはこれまでなかった。今年は雪融けが早かったため、オスのヒグマがより早い時期から広域に活動しているものと考えられた。既に発情期が始まっているようだ。

送られてくる映像の中にOSOはいなかったが、OSOより大型のクマも三頭ほどいた。昨年の三月に厚岸町糸魚沢地区で追いかけた、「一八cmの足跡」の本当の持ち主もこのあたりに来ているかもしれない。

私は今夏、OSOが出没する可能性があるエリアを阿歴内から中茶安別にかけてと見ていたが、このエリアにOSOを上回る四〇〇kg近いクラスの雄グマがゴロゴロいることが、OSOの行動に影響を与える可能性があった。

というのも「クマにとって最大の敵はクマ」だからである。発情期の雄グマ同士が出会えば、闘争に発展するケースも少なくない。だからクマは基本的に自分より身体の大きいクマがいる場所は避けようとする。結果、山奥の食料が豊富なエリアには強いオスが陣取り、若グマや親子グマは、その周辺へと追い出されていく。

だから人里近くに出没するクマは、若グマや親子グマが多いのである。

だとすると、極度の〝ビビり〟であるOSOは今年、阿歴内は避けるかもしれない――果たしてこの夏、OSOはどこに現れるのだろうか。

二〇二三年、最初の被害

六月二十四日、ついにOSOの襲撃が始まった。

〈上茶安別牧野で牛が襲われました〉

標茶町の宮澤から〝第一報〟を受けるのはこれで何度目だろう。

赤石と一緒に標茶町まで一時間二十分かけて、じりじりしながら国道二七二号を走るのも、いつものことだ。

だがこの日は、車内に別の〝同乗者〟がいた。

去年、赤石の元にやって来た紀州犬の雌犬「ルナ」である。全身黒い毛色だが、首のあたりだけ三日月状に白い毛が生えているので、赤石は、この犬に「ルナ（月）」と名付けた。

ルナは紀州犬の名ブリーダーである大分県の釘宮正博のところからやって来た。

上茶安別の襲撃現場に残された牛の死骸

実は我々のＮＰＯのメンバーは、以前から親交のある釘宮の紀州犬を譲り受けているのだが、仲間内では、決して金銭でのやり取りは行わない。釘宮は全国の気心が知れたハンター仲間に犬を託すことで猟犬の気質に優れた血筋が出ることを願っているからだ。その血筋を、また未来に繋げていくのが釘宮の役目でもある。

それは「紀州三名犬」と呼ばれる種を絶やさないための知恵でもある。

もともとイノシシ猟の猟犬として育てられた紀州犬であるが、その中でも本当の猟犬として伸びていく犬はほんの一握りである。ヒグマに向かっていける犬はさらに少ない。

今回対策班への招集を見送った羅臼のハンター、中川正裕が以前飼っていた「熊五郎」も釘宮のところからきた紀州犬だった。ヒグマ相手にも臆することなく立ち向かう見事な犬で、中川はこの熊五郎とのコンビで、四百頭超のヒグ

現場検証をする赤石

マを獲った。

その熊五郎の血筋をひくルナが、今、後部座席から顔を突き出し、行く手をじっと凝視している。これから始まるのが「仕事」であることをわかっているのだろう。


ようやく上茶安別牧野に着き、鉄製のゲートを通り過ぎて砂利道を上って行く。

牧野の休憩所に向かうと地元猟友会の後藤や本多、ＮＨＫの有元ディレクターらが先着していた。

ここの牧野に若牛を預けているという本多とは前年七月以来の再会だ。

この休憩所でいったん情報を整理する。牧夫によると昨日と今朝、それぞれ別の場所でＯＳ０のようなクマを目撃したという。ここまで短時間でＯＳ０らしきクマが続けて目撃されたことは今までなかった。

これが何を意味するのか、この時点ではわからなかったが、違和感が残った。

NHKの有元には、代わりに私が現場を撮影してくることを条件に、休憩所に残ってもらう。むろんリスク回避のためだ。

毎度のことながら、銃を持たない私は熊スプレーを携帯して現場へと向かう。これまで一度も使用したことはなく、いざという場面でどれほどの効果があるのかは未知数だが、気休めにはなる。

放牧地に入りスキー場のように急な坂道を4WDのハイラックスで下っていく。

襲撃現場は、坂を下った所にあった。〝第一発見者〟の牧野の組合長はこう語っていた。

「今朝、牛を見に行ったら牛が群れになって固まっていたんだ。なした（どうした）かな〜、と思って近づいて行ったら牛が倒れてたんだよな」

襲われたのは生後十四カ月の乳牛で、背中を食われた状態で見つかった。

発見時にはまだ息があったが、連絡を受けて駆け付けた獣医師が筋弛緩剤により安楽死させたという。前肩から背中にかけての部分を食害されている。前肩の骨も外れているようだ。

だがOSOが必ず食害するはずの内臓が残されたままだ。

「あれ？　なぜ内臓食ってないんだ？」

疑問を抱きながら、現場に侵入してきた経路を赤石と辿っていく。

この牧野では、OSOによる襲撃が始まった二〇一九年の八月にも被害があった。

ＯＳＯは、この場所をよく知っている。それは足跡にも表れていた。沢伝いに歩きながら牛の群れがいる方へとまっすぐ進んできているのだ。牧野を仕切る有刺鉄線には、ＯＳＯの体毛がしっかりと残されていた。

二度の襲撃失敗が意味すること

これまでの行動パターンから、ひとつわかっていることがあった。

ＯＳＯは、必ず、この現場に戻って来る——。

なぜならＯＳＯが最後に牛の肉を口にしたのは、昨年七月二十七日の阿歴内が最後だ。その後は、八月十八日の上茶安別、その二日後の上尾幌とも襲撃に失敗している。

今回の襲撃は今シーズン初めてというだけでなく、久しぶりに牛を斃して、その肉を食べることに成功したという意味もある。この獲物には執着するはずだ。

牛をワイヤーで固定し、周囲にトレイルカメラを四台仕掛ける。

被害者の農家の方には申し訳ない言い方になるが、牛の被害が出た直後が、ＯＳＯ捕獲の最大のチャンスであることは間違いない。ここで被害を食い止めるため、今回も、現場に入る人数を最小限にし、人の気配を消しながらＯＳＯが現場に戻って来るのを待つ作戦だ。「括り罠」も二基設置した。

現場を確認してわかったことがもうひとつあった。

それは、組合長が横たわっている牛を発見したときには、まだＯＳＯは現場付近にいた可

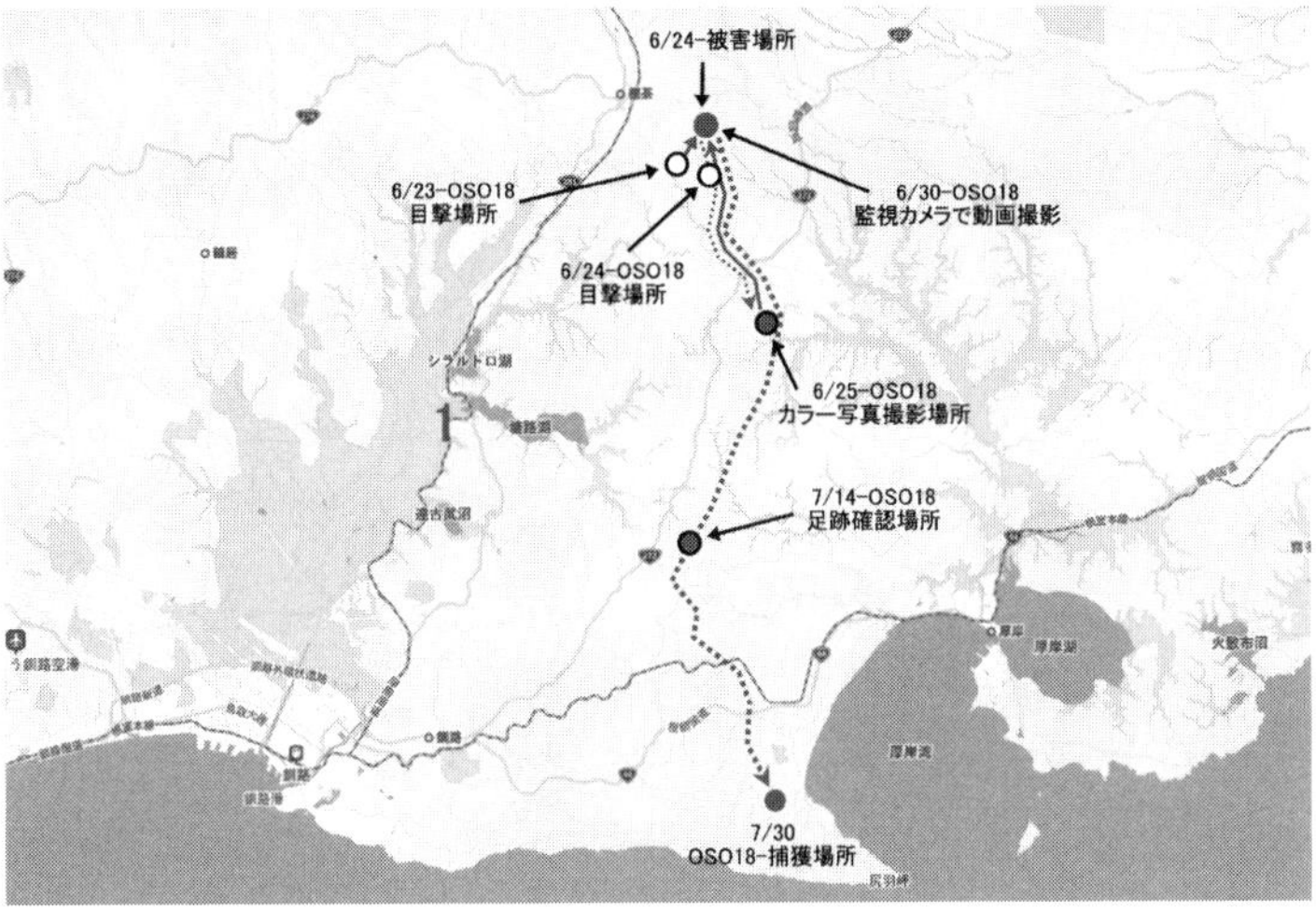

2023年のOSO18の動き　Google Earth

能性が高いということだった。

いつも食害するはずの内臓を食べていないのは、これから内臓を食べようとしたところで組合長の車の音に気付き、慌ててその場を離れたからだろう。気の荒いクマであれば、自分の獲物に近づくものは排除するものだが、このあたりは我々が「ビビり」とプロファイリングした通りの行動だ。

ここに来る前にも前日に道路で目撃され、現場では組合長の車から逃げ、その逃げる途中にも牧夫らに目撃されたことになる。

それらの目撃情報からすると、ＯＳＯは中茶安別から阿歴内・上尾幌方向へと逃げていた。

クマは逃げるとき、自分がやってきた方角へと逃げるものだ。過去に我々が生態捕獲してＧＰＳを装着して放獣したクマは、ほぼ例外なくそうだった。

つまり、ＯＳＯが阿歴内・上尾幌方面へと逃げたということは、彼はそこからやってきた可能性が高い。

ＯＳＯ18のカラー撮影に成功

この襲撃翌日の六月二十五日には、日中に行動するＯＳＯの姿が初めてカラーで撮影された。

中茶安別町有林に仕掛けたトレイルカメラに映っていたのである。そこは五月三日に〈ヘアトラップにクマの体毛がある〉という連絡を受けて、赤石らと確認した場所だった。

トレイルカメラの映像にはカメラの前を横切って、木に背こすりをするＯＳＯの姿が映っていた。主に映っているのは右半身側で、ＯＳＯの特徴でもある左尻から太ももにかけての二本線の傷は確認できないが、ヘアトラップの体毛のＤＮＡ鑑定によりＯＳＯであることが確定した。

上茶安別の襲撃現場から中茶安別のヘアトラップの場所に行くには国道を最低一カ所は、横断する必要がある。

さらに六月二十八日の朝には、今度は上茶安別の襲撃現場のトレイルカメラにＯＳＯらしきクマが映りこんでいた。

このＯＳＯらしきクマは現場に放置された牛の死骸には近づかず、遠目にそれを確認すると、藪の中へと戻って行った。なぜ牛に近づかなかったのかは、わからない。

初めてカラーで撮影されたOSO18の姿

その映像を見た赤石は「括り罠を追加するべ」と言って、NPOの事務局長である黒渕と現場へ向かった。黒渕は北海道の狩猟免許試験の講習会の講師を務めており、このコンビは、我々が農協から委託を受け道総研と共同研究をしているエゾシカの捕獲調査で毎年のようにシカの括り罠をセッティングしている。

括り罠を仕掛けるなら、この二人ほどの適任者はいないだろう。

括り罠は、現場への侵入経路と思われる場所に二基、牛を引っ張り持っていくだろうと思われる方向に一基、合計三基仕掛けられた。

「そこだ！　踏め！」

翌二十九日、トレイルカメラには、OSOとは別のクマが映っていた。

そのクマは恐る恐る牛の死骸に手を出すが、食べるまではいかない。ちなみにその死骸は、かなり腐敗が進み、もはや牛なのか何なのか判然としない状態になっている。

この付近には、我々対策班とは別に、標茶町もトレイルカメラを設置していた。

すると七月一日、標茶町役場の宮澤から「トレイルカメラにOSOらしきクマが映っていた」という連絡が入る。

トレイルカメラを回収し、私がその映像を確認したのは、二日後のことだ。

最初カメラには、牛の死骸のそばで「番」をしているキタキツネが映っていた。

しばらくすると、そのキツネが何かに気付き、慌てたように逃げ出す。

牛の死骸をワイヤーで固定し、OSO が戻ってくるのを待つ

そのすぐ後から静かに現れたのは——OSOだ。シルエットと顔つきですぐわかった。

腐敗して原型をとどめない牛をしばらく眺めていたが、おもむろにかろうじて形を保っている後ろ足を齧って自分の方に引っ張り上げた。死骸はワイヤーで固定していたが、強引に足を外したOSOはそれを咥えて、後ろ向きでやってきた湿原の方へと持って行く。

そのルート上には赤石と黒渕が新たに仕掛けた括り罠がある——。

「そこだ！　踏め！」

映像を回収した時点でOSOがその罠を踏まなかったことはわかっていたのだが、映像を見ながら、思わず力が入る。

OSOは私と赤石とで改良を重ねて作り上げた渾身の括り罠をすり抜けるようにし

矢印の方に進めば、罠にかかっていたはずだが、OSOは写真右奥へとエサを持ち去った

て現場を立ち去った。その距離、わずか三〇㎝……。

括り罠は現場に向かってくる獲物を想定して仕掛けることが多い。今回のように現場からエサを持ち去る場合には、クマは現場に来るときほど足元を気にせず、向かいたい方向へと最短で移動しようとする。

ＯＳＯは最短ルートをとったことで、罠までのわずか三〇㎝の隙間を通り抜けたのである。つくづく悪運の強いクマである。

「悔しいけど仕方ないよなぁ」

赤石も無念そうだ。

結果的にこの日が我々「ＯＳＯ18特別対策班」がＯＳＯ捕獲に最も迫った瞬間だった。

最後の攻防

前述した通り、この年、標茶に仕掛けたヘアトラップに設置したカメラには、ＯＳＯを上回るサイズの大型ヒグマが多数撮影されていた。

ＯＳＯの襲撃はいったん始まるとさほど間隔を置かずに続くことが多い。新鮮な肉と内臓を狙っているからだろう。ＯＳＯは牛を斃すと、内臓とロースあたりの肉だけを食べて、すぐにその場から離れることを繰り返す。

三年目以降は大胆になったのか、その傾向が顕著で、最初の襲撃以降は、ほぼ一週間おきに「第二波」「第三波」と続いていくのだが、今年はまだその「第二波」が来ない。

やはり他の大型ヒグマたちの存在が気になっているのか。

これまでのＯＳＯであれば、次に現れる場所として最有力なのは、六月二十四日の今季初襲撃からそう遠くない阿歴内だった。ＯＳＯのホームグラウンドであり、自分専用のエゾシカの「レストラン」もあるからだ。ただ、ヒグマの繁殖期とも重なるため、いつ阿歴内に戻るか、そのタイミングを計るのは難しかった。

七月十四日、案の定、宮澤から〈阿歴内で大きいクマの足跡がありました〉と連絡が入る。あいにくこの日は別件があったので翌日、現場で足跡を確認する。

ＯＳＯの足跡は去年六月に、三頭が襲われ一頭が殺された東阿歴内牧野の沢伝いから道路に出て、牧草地を横切ると、丘を登ってカラマツ林に消えていた。

その足跡が向かった先には、我々、対策班が「自動給餌機」とか「ＯＳＯのレストラン」と呼んでいる例のエゾシカの投棄場所がある。

ここからは五㎞の距離だ。

レストランをのぞいた後で、またＯＳＯが戻ってくる可能性はある。そこでトレイルカメ

阿歴内に残されたOSOの"最後の足跡"

ラを四台仕掛けて、OSOの動きを見定めてから罠をかける準備を進めた。

だが、結論からいうとOSOが再び阿歴内に戻ることはなかった。

誰も予測できなかった場所で、「OSO18」はその生涯を閉じることになる。

第七章　二〇二三年・夏　「OSO18」の最期

「どうもおかしい。なんかヘンだ」

最初に自分の体調に違和感を覚えたのは、二〇二三年のゴールデンウィーク明けくらいだったろうか。はじめは「選挙戦の疲れかな」と思っていた。

「藤本さん、標津町議選に出てくれんかな」

旧《ふる》くからの知人にそんな話を持ち掛けられたのは四月上旬のことだった。標津町議選の投開票日は四月二十三日であり、この時点で既に三週間を切っていた。何とか断ろうとしたものの、のっぴきならぬ事情もあり、私は最終的にこれを引き受けた。

OSO対策を指揮しながら、選挙を戦うという怒濤の三週間を経て、何とか当選を果たしたが、さすがに体調はボロボロになった。

とにかく何もせず座っているだけでも異様に疲れるのだ。

一年前に中標津病院で大腸ポリープの摘出をし、病理検査で摘出したポリープが大腸がんと診断されていた。だが担当ドクターからは「超早期であり切除済なので特に問題なし」と言われていた。これまで血圧も血糖値もまったく問題ない「健康優良中年」で通っていたので、この急な体調の変化には戸惑った。とにかく六月上旬に隣町の中標津病院で再度、検査し釧路労災病院で再精密検査を受けることになった。

悪性リンパ腫

「悪性リンパ腫ですね」

検査の結果を告げる医師の声を聞きながら、「テレビドラマみたいな情景だな」と思った。まさか自分の身にそんな病気が降りかかってくるとは、夢にも思わなかった。

「すぐに入院して治しましょう。このままでは一カ月単位で進行します」

医師の言葉に従って、私は七月二十日から約三週間、釧路労災病院に入院して抗がん剤治療を受けることになった。

当然のことながら、この間は、病院から出ることは出来ない。もしOSOの襲撃があったとしても、現場にいる赤石らに託すより仕方ないのだ。

私が病名を告げて、しばらく戦線から離れることを詫びると、赤石は「そうか。まぁ、仕方ないよな」と淡々としたものだった。ちょうどOSOの行方も途絶えていた。

いずれにしろ、これから秋まで阿歴内を舞台にOSOとの攻防は続くはずだ。今はとにかく病院でもできること――対策班や役場との連絡調整、情報収集、そして過去のデータをもう一度洗い直して、今後の対応策を練り直す――をやるしかない。

私は病院にパソコンを持ち込み、焦る気持ちをなだめながら、抗がん剤治療に臨んだ。

抗がん剤治療は、まさに「毒をもって毒を制す」そのもので、その辛さは経験したものでなければ、なかなかわからない。

「疲れやすい」「味覚障害」「筋力の低下」「吐き気」「脱毛」といった症状が、入れ替わり立ち替わり、ときには同時にやってくる。とりわけ食欲がまったくなくなるのには閉口した。

入院した当初、他の患者さんの部屋からまったく手つかずの食事のお盆が回収されているのを見て、不思議に思っていたのだが、いざ自分が経験してみると、食べ物の匂いを嗅ぐのもキツく、一口も手をつけられない理由がよくわかった。

ワンクール目の化学療法は、ようやく八月十一日に終わった。

結局三週間で七kg痩せた。もともと強面だが、抗がん剤の影響で髪も眉毛も退院三日後にはすっかり抜け落ち、一種異様な迫力を醸し出している。鏡を見ながら「これじゃ、OSOに会っても、バレないな」と妻を相手に軽口を叩いたのは、久しぶりに自宅に戻れる嬉しさもあったからだろう。

ただ抗がん剤の後遺症なのか、せっかく病院食から抜け出せたのに、何を食べてもほとんど味も匂いも感じないのには参った。カレーライスでようやく味を感じることができた。

八月二十日からはまた一週間程度入院しなければならない――。

OSOが獲られた？

それにしても今年のOSOは、ちょっとおかしい。既に最初の襲撃から一カ月以上が過ぎているのに、第二の襲撃がない。いったいどこで何をしているのか。今こうしている間にも、どこかで牛を狙っているのか、それとも――様々なことが頭に思い浮かんでは消える。

八月二十日、再入院。

その翌日の八月二十一日、午後七時四十五分、点滴をしながらベッドで休んでいると標茶町の宮澤からLINEが入った。

〈OSO18が捕獲されました、時間のある時、連絡ください〉

頭が真っ白になるとはこのことだ。OSOが獲られた？　いったいどういうことだ？　文字は読んでいるのだが、その内容が頭に入ってこない。慌てて通話可能エリアまで移動してから宮澤に電話をかける。

「いったいどういう話なの？」

「七月三十日に釧路町で有害捕獲されたヒグマがいたんです。その個体のサンプルを、釧路町に頼まれてウチから道総研に送ったところ、DNAがOSOのものと一致したということのようです」

宮澤も現時点ではそれ以上のことはわからないという。詳しいことがわかったら教えてほしいと頼んで電話を切った。

要は二十日ほど前に釧路町でハンターがライフルで撃ったヒグマについて、もしかするとＯＳＯかもしれないという声があり、念のため、ＤＮＡを道総研に送ったらビンゴだったというわけだ。釧路町は道総研とのコネクションがほぼなかったので、ＯＳＯ対策を通じて道総研と頻繁にやりとりをしていた標茶町を通じて、サンプルを送ったという経緯だった。

といっても、わからないことだらけだ。

なぜＯＳＯは今まで一度も出没したことのない釧路町に現れたのか、なぜあれほど警戒心が強く人間を避けていたＯＳＯがあっさりと撃たれてしまったのか。ＯＳＯの死体は今、どこにあるのか――。

多くの謎を抱えたまま、とにかく対策班メンバーにＬＩＮＥを入れる。

〈オソ捕獲、捕獲場所は釧路町仙鳳趾《せんぽうし》付近。体重３３０キロ。牧草地にいる所を有害捕獲〉

これが現時点で分かっていることのすべてだった。

〈なんか歯切れは悪かったですね〜〉

即座にメンバーたちから反応が返ってくる。赤石は、びっくりした表情のスタンプを送ってきた。

〈仙鳳趾っていうとゴルフ場の方かい？〉これは付近に土地勘のある松田のコメントだ。関本からは〈世の中、こんなもんだって〉と、らしいコメントが返ってきた。

〈結果オーライなんだけど、いやぁＯＳＯの実物見たかったなあ〉という藤巻のコメントは、多くのメンバーの気持ちを代弁していたように思う。

二年近くにわたって、みんなで追いかけてきたヒグマである。それも文字通り、あと一歩のところまで追いつめていたのである。自分たちの手で捕まえて、自分たちの目でその姿をしっかりと見極めたかったというのが偽らざるところだ。

この時点ではまだわからないことが多すぎたので、メンバーたちも各自のコネクションを駆使して情報収集に奔走する。

〈どうも捕獲場所はオタクパウシらしい〉松田から追伸が入った。

〈それなら、オレが昔、作った道が通ってるわ〉と赤石。赤石は重機のオペレーターをしていたときに、その捕獲場所付近の道路を作る作業をしていたのだという。

さらに標茶町の清野からは〈オソを撃ったのは、自分の同級生のようです〉と返信があった。清野はすぐに、その同級生に電話をしたらしく、より詳しい情報が書き込まれた。

〈道路から80mくらいのところにいたのを撃ったようです〉〈足の幅は20cmって言ってました〉〈クマの本体は、売ってしまったのでもうないそうです〉

そして清野は最後にこう付け加えた。

〈なんか歯切れは悪かったですね〜〉

OSOを撃ったらヒーローのはずだが、なぜ〈歯切れが悪い〉のか。ちょっと不思議に思ったが、何しろ未だに捕獲場所を「阿歴内」とする情報もあり、まずは正しい情報を確定させる方が先だ。

午後九時を回る頃、北海道新聞札幌本社から連絡が入った。どうやら、どこかからＯＳＯ捕獲の情報を摑んだようだ。

現在入院中であることを伝え、電話は控えてもらうようにお願いする。とにかく今はこちらも、〈釧路町で駆除されたクマのサンプルがＯＳＯ18のＤＮＡと一致した〉ことしかわからないのだから、どうしようもない。

北海道新聞の速報

結局、道新はこの日の午後十時二十一分に〈**「オソ18」駆除か　牛66頭襲う雄ヒグマ　7月に釧路町で**〉としてＯＳＯ捕獲の速報を打った。電子版で配信された記事はこう続く。

〈**釧路管内標茶、厚岸両町で2019年以降、相次いで牛を襲ってきた雄のヒグマ「オソ18」が駆除されたとみられることが21日、関係者への取材で分かった。クマは同管内釧路町で7月30日にハンターによって駆除された。関係機関が駆除された個体のＤＮＡ型鑑定をしており、最終確定を進めている。（中略）猟友会関係者によると、釧路町内で7月30日に駆除されたクマについて、ＤＮＡ型鑑定の結果、オソ18の可能性が高いという連絡があったという**〉

この速報を見たのだろう、ＮＨＫの有元ディレクターから着信。就寝時間を過ぎていたが、通話可能エリアで対応する。現段階ではあまりに情報が錯綜していたので、「明日、釧路総合振興局が記者会見をすることになっているから、それを待った方がいい」と伝えるほかなかった。

その後もマナーモードにした携帯にたびたび着信があったが、ひとつひとつ対応していてはキリがない。何よりもこっちは入院中の身なのだ。申し訳ないが、ひとまず着信は無視することにした。

といっても、なかなか、寝付くことが出来ない。

被害を受けていた酪農家さんたちのことを考えると、どんな形であれ、ＯＳＯ18が駆除されたことは喜ばしい。それは間違いない。

また猟期に入れば、大勢のハンターがやってくるし、有害駆除もある。誰が獲ってもおかしくない、とは対策班のメンバーの間でも日頃から言っていたことでもある。

だがしかし——だ。この二年の間、何をしていても常に頭のどこかで「今、ヤツは何をしているのかな」と考えていた一頭のヒグマが、私の知らぬ間に、いなくなっていたというのは、まったく予想もしていなかった結末だった。

いったいなぜ、と考えても仕方のないことを考えながら、いつの間にか眠りについていた。

深夜の〝鬼電〟

夜中、気配を感じて目覚めると夜間巡回の看護師が私の携帯を持ってベッドの脇に立っていた。

「藤本さん、携帯にすごい〝鬼電〟来てますよ」

「ごめんごめん、ありがとうね」

時刻は夜中の一時を回っている。携帯を看護師から受け取り、確認すると午後十一時以降、日本中のマスコミ関係者から着信が三十件以上も入っている。

この人たちは入院中の人間でも夜中でも、お構いなしに電話するんだなぁ、とその〝仕事熱心〟に呆れるやら感心するやらで、また寝られない時間が過ぎていく。

ようやく窓の外が明るくなってきた。この夜は正味二時間も寝られなかった。

入院している部屋の窓は、ちょうどOSOが捕獲されたオタクパウシの方に面している。なんとなくその方向を眺める。一夜明けて当時の状況はだんだんわかってきたが、その状況がわかればわかるほど、新たな「なぜ？」が増えていく。

八月二十三日付の北海道新聞によると、釧路町役場の職員でもあるハンターがOSOを駆除したときの様子は以下のようなものだった。

〈7月30日午前5時ごろ、男性は町内の牧場を訪れ、近くの牧草地でヒグマ1頭が伏せているのを見つけた。約80メートルの距離まで近づいて銃の引き金を引いた。男性はヒグマをオソだとは思わず、死骸を釧路管内の食肉処理業者に運び、体毛をDNA型鑑定に出した。DNAがオソのものと一致したのは、駆除から2週間以上も後のことだった〉

八月二十四日、予定より早く退院となる。病院には「退院時の様子を撮らせてほしい」と前日に連絡があったNHKの有元ディレクターも駆けつけている。

事前に撮影許可を得て、病院内の一室で看護師長立ち会いのもと、有元のインタビューを受ける。

「今回、OSOが捕獲されましたが、それに対してどう思われますか？」

「捕獲されたことは、今まで苦労してきた農家さんにとって一番うれしいことだと思います」

「藤本さんたちが捕獲したかったのではないですか？」

「ここまで追い詰めていたので、捕獲できなかったのは残念ですが、OSOが捕獲されることが目的だったので、誰が獲ってもいいと思います」

インタビューは四十分ほどで終わり、前日にOSOを解体した解体業者のもとを訪ねたという有元と話をする。

「大腿骨でも残っていれば、OSOが何食べていたかわかるんだけどなあ。本当はそれを調べるのがオレの役目だったんだけどな」

私が思わずそう漏らすと、有元の目がちょっと光った。この後、有元は驚くべき行動に出るのだが、退院の手続きをした後、私はようやく家路についた。

標津の我が家についたのは、夕暮れどきだった。

「OSO捕まったね。本当は面白くないんじゃないの？」

家に着くなり、妻はそう声をかけてきた。さすがに長年一緒に暮らしていると痛いところを突いてくる。

「誰が撃ってもいいんだ。捕まればいいんだよ……みんなで追ってたから残念は残念だった

公開された捕殺直後のOSOの姿

けどね」

今日は、政治家の答弁みたいに同じことを答えている、と自分でも少し可笑しくなった。

残された「謎」

翌日の朝、早速事務所に向かった私は、釧路総合振興局によって公開されていた駆除直後のＯＳＯの写真をプリントアウトしておいた。

それはジムニーの後部キャリアで、奇妙にねじれたような恰好で持ち上げられた変わり果てたＯＳＯの姿である。

間もなく事務所に出勤してきた赤石は、卓上のその写真に気付くと、こう言った。

「ＯＳＯの左手を見てみろ。これ、絶対におかしいぞ」

実はこの写真が公開された直後から、赤

石は私に電話で同じことを繰り返していた。だから私は、赤石が指摘する左前肢の掌を拡大しておいたのである。

「これ、見てみれ〜」

「この手は、ないよなぁ」

ＯＳＯの左の掌は、掌全体が鬱血して腫れあがっているように見えた。通常のクマであれば、掌の肉球がはっきりあって指の関節一本一本の節目もわかるが、ＯＳＯの掌は全体が膨張したように腫れており、指関節の節目はまったく見えない。

我々は掌がこのような状態になったクマを見たことがあった。それも何度も——。

「実際に現場を見ないとわからないけど、間違いなく〝あれ〟だね」と赤石と頷きあう。

この掌の謎については後述するが、時間が経つにつれて、少しずつ捕獲当時の情報が入ってくるようになった。

〈オタクパウシの牧草地付近にいたクマを撃った〉〈ＯＳＯは二日間に亘り牧草地にいた〉〈皮膚病のようだった〉〈もう解体されて、ＯＳＯの肉は食肉として流通した模様〉〈撃ったのは釧路町の職員ハンターらしい〉ｅｔｃ……。

いったいこれらの情報は何を意味しているのか。

捕殺現場へ

八月二十八日、小雨が降る中、私と赤石、それに松田と北村とで釧路町にあるオタクパウシの捕殺現場を訪れた。川島をはじめとする釧路振興局の面々も一緒である。

ＯＳＯの被害が集中していた標茶町からオタクパウシのこの現場までは、釧路湿原を挟んで南に四〇～五〇㎞離れている。

そこは牧草地の際のような場所で、雑草が生い茂っていた。

「本当にこんな場所にＯＳＯがいたのか」

それが現場を見た私が抱いた正直な感想だった。人目を避けて慎重に行動してきたＯＳＯが、これほど開けた場所にいたというのが信じられなかった。

ＯＳＯがこの場所で捕殺されてから、既に一カ月以上経っており、何の痕跡も残っていない。

オタクパウシの捕殺現場

だが捕殺直後に公開された写真の背景に映り込んだ立木の配置や特徴から、ＯＳＯが撃たれた場所を特定することができた。牧草地の脇を走る道路から五〇ｍほど離れており、すぐそばを小川が流れている。ＯＳＯは、この川を渡ってきた。
この場所は我々が駆除許可を得ている管轄外であったが、実は私と関本は残雪期にこの周辺の道路を何度か探索していた。だが、足跡の発見には至らなかった――。
「オタクパウシ」とはアイヌ語で〈そこにヤチボウズがたくさんある場所〉の意である。ＯＳＯが湿地帯ではヤチボウズの上を器用に歩いて移動することは既に書いた通りだが、そこが最期の場所となったことに何か因縁めいたものを感じる。

三つの謎

ここから先は、約二年に亘って襲撃現場での綿密な検証を行い、トレイルカメラの映像分析などによりＯＳＯ18を追いかけてきた、ＮＰＯ法人「南知床・ヒグマ情報センター」としての見解でもある。

●皮膚病の謎

捕獲が報じられた直後〈ＯＳＯは皮膚病だった〉という情報が一部で流れたが、結論から言うと、これは白い泥を誤認したものと思われる。

私が入手した駆除後のＯＳＯを撮った写真を子細に見ると、〈下半身に泥が付き白く乾いている〉写真と〈足の裏に泥が付いている〉写真があった。

これらの泥はＯＳＯが小川の中を渡った際についたもののようだ。

実際、私はオタクパウシの現場検証の際、牧草地脇の道路に沿うようにして小川が流れているのを確認している。その川の白っぽい泥が、解体場で撮られた写真に写っていたものと同じように見えた。

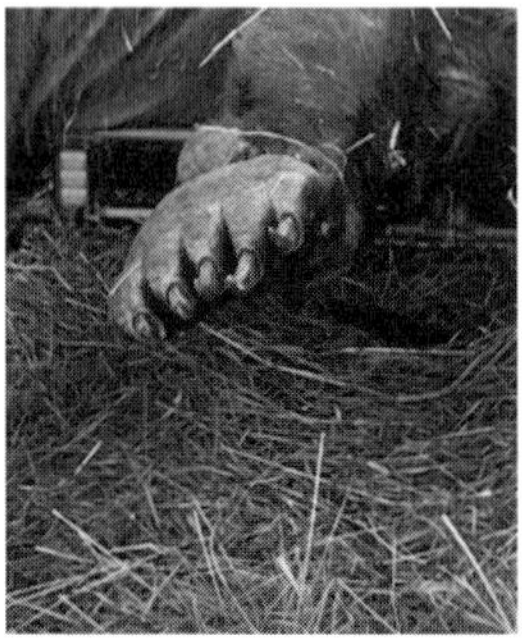 

異様に腫れて、指関節すらわからない左の掌。対して右は関節の節目がちゃんとある

●腫れあがった左の掌の謎

前述した通り、駆除直後に撮られた写真でＯＳＯの左の掌は異常なほど腫れあがっているように見えた。

その後、私は別の角度から撮られた写真も入手して確認したが、左手の指の付け根にワイヤーが食い込んだ跡がある写真や吊るされた状態のＯＳＯの掌にやはりワイヤーの食い込んだ跡がある写真があった。

これらが意味するところは、ＯＳＯは括り罠による傷を負っていた可能性が高い、ということだ。

掌が腫れ上がっているのは、ワイヤーで絞められて鬱血したからだ。

最初に釧路町が公開した死体写真を見たときに、私と赤石の見解が「恐らく〝あれ〟だね」と一致したのは、括り罠のことだったのである。

我々でなくとも、乙種狩猟免許保持者で、ヒグマかツキノワグマの錯誤捕獲（通常、クマ駆除のために括り罠を使用することは認められていない。シカやイノシシを捕獲するための罠に誤ってクマがかかってしまうことを

「錯誤捕獲」という）に立ち会った経験のある人であれば、この掌の写真を一目見ただけで気づくだろう。

ＯＳＯがどの場所でどういう風に括り罠にかかったのかは定かではない。

ただ今回、ヒグマに対して括り罠を用いる許可を北海道から得ていたのは、我々だけだ。従ってもしＯＳＯが、我々が仕掛けた以外の括り罠にかかっていたとすれば、法的には〝違法〟状態の罠にかかったことになる。

いったい誰が、何のためにそんなものを仕掛けたのか。


私はオタクパウシの捕殺現場を検証した後も、釧路方面に用事があったときは、その帰路で複数回、現場周辺を探索した。現場からそう遠くない場所に違法罠の設置場所があるはずだと踏んだからである。

結果的にその直感は正しかった。

捕殺現場から山をひとつ越えて、約一㎞ほど離れた森の中を探しているとき、草地の中にある場所へと向かう車の轍を見つけた。

その轍を辿っていった先で私は奇妙なものを目にする。

そのあたりに生えている木はことごとく地面から一・五ｍぐらいの高さの部分だけ、樹皮が剝がれていたのである。そんな木が半径一五ｍほどの範囲で林立していた。

そんなことは自然界ではまずありえない。

違法罠があったと思われる場所。周辺の木の樹皮が剝がれている

恐らくこの場所にエゾシカ用の括り罠が仕掛けられ、そのワイヤーが周囲の木の幹に巻き付けられていたのであろう。罠にかかったエゾシカが死に物狂いになって暴れ、ワイヤーで擦れた結果、樹皮が剝げたことは想像に難くなかった。

そうした罠のひとつにOSOがかかった。OSOは、どうにかして罠をワイヤーごと引きずりながら、山をひとつ越えて、逃れてきたもののついに動けなくなった場所が、あの捕殺現場ではなかったのか——。

●OSOの冬眠場所の謎

二度の残雪期の間、我々はOSOの冬眠場所を推定し、その周辺エリアにローラーをかけるように足跡を探し続けたが、ついに見つけられなかった。あれだけ探して見つからなかった以上、OSOは別の場所で冬眠していたことになる。

最終的に私は「上尾幌の森だったのではないか」と考えていたが、赤石はこう言った。

「オタクパウシと国道の間に私有林がある。たぶんそこでないか。重機のオペレーター時代にオタクパウシで道路工事をしたことがある赤石は、現場付近に土地勘がある。確かにその私有林は捕殺現場からは一番近い森である。

赤石によると、私有林の持ち主は大手製紙会社で、まだ伐採できるほどには森が育っていないため、普段は林道入口のゲートにワイヤーをかけて部外者が出入り出来ないようになっている。

これが上尾幌の森であれば、冬季間であっても伐採作業が行われており、人の出入りもある。もしクマの足跡があれば、作業を中断する必要があるため、作業員がこれを見逃す可能性は低いように思われた。

やはり赤石の言う私有林がＯＳＯの「ねぐら」だったのだろうか。

もうひとつ興味深いことが後にわかった。

上尾幌の森を分断するように釧路と根室を結ぶ国道四十四号が通っている。

我々が七月十四日に最後に確認したＯＳＯの足跡は、阿歴内から上尾幌方面へと向かっていた。その場所から捕殺現場へと向かうには、途中で必ず国道四十四号を横断しているはずだった。

九月下旬、私はＯＳＯの最後の移動経路を明らかにするためにこの国道四十四号をゆっく

壊されたフェンス。ここを OSO が通り抜けた

りと流しながら、道の左右に目を配っていた。助手席ではＮＨＫの有元ディレクターがカメラを構えている。横断場所を探す様子を「同行して撮影させてほしい」という有元の依頼を了承したのである。

国道の両脇にはエゾシカの防御柵（フェンス）が張り巡らされている。道路上への野生動物の飛び出しや移動を防ぐためである。

オタクパウシまで約五㎞の地点で、私が探していた横断場所が見つかった。

車を路肩に停めて確かめる。防御柵のフェンスが全部落っこちている。道路を渡った反対側のフェンスも同様だ。

一五〇㎏くらいの身軽なクマは、フェンスをよじ登って越えるのだが、体重三〇〇㎏超の大きなクマであれば、ボルトで固定されているワイヤーの柵ごと落とすことぐらいは朝飯前である。

「ＯＳＯ18がここを越えた可能性は？」

有元の質問に私は「高い。あっちも（フェンス）全部外れてるでしょ。相当大きなクマが通ったらこんな感じになる」と答えた。

間違いない。この国道を越えた先に捕殺現場があり、さらにその向こうには赤石がＯＳＯのねぐらがあると推測した私有林や狩猟の禁止された鳥獣保護区がある。

ＯＳＯが最後に目指したのは、野生動物の楽園だったのかもしれない。

有元ディレクターの執念

かえすがえすも残念だったのは、ＯＳＯの死体が、それと知られぬままに解体されて既に食肉として流通してしまったことだった。そのため、ＯＳＯが何を食べていたのか、なぜ牛を襲うようになったのか、というこの事件最大の謎を解く鍵を失ってしまった。

ただ捕獲者は、わずかにＯＳＯの牙だけは持っていた。その提供を受けた釧路総合振興局から道総研に送り、分析したところ、捕獲時のＯＳＯの年齢が九歳六カ月であったことがわかった。つまり四年前の襲撃開始時は五歳だったことになる。

「解体業者のところにＯＳＯ18の骨があるみたいなんです」

ＮＨＫの有元ディレクターがそんなことを言ってきたのは、私が退院して一週間ほどが経った頃だった。

退院時、私が有元ディレクターに「せめて大腿骨でも残っていれば、ＯＳＯが食ってたかわかるんだけど」という話をしたことは既に述べた。そのときは、「本来、その謎を解くのは私の役割だったはずなのに」という無念の気持ちが自分の中にあった。

その時点で有元ディレクターは既に解体業者に取材していたのだが、翌週、もう一度取材に訪れた。そこで解体された動物たちの残滓を集めた「堆肥」の山の中に、ＯＳＯ18の骨が埋まっている可能性があることを教えられたというのである。

「ダメ元で堆肥の山を掘ってみようかと思うんです」

「おいおい、大丈夫か？　道総研も解体業者に行ったけど骨は諦めたんだぞ」

「大丈夫です。とにかく時間があるので明日、行って探してきます」

だが、翌日、ホームセンターでスコップや防護服を買い揃え、意気込んで解体場にやってきた有元を見た解体場の社長は、「それじゃムリだよ」と大笑いしたという。

というのも牛糞や、解体後の残滓となった骨や内臓、肉や皮が集められた「堆肥」の山は微生物が投入され、分解を促されている。さらにしっかりと分解するために〝切り返し〟といって表面の堆肥と下側の堆肥を入れ替える作業が行われるのだが、この作業を行う前の堆肥の表面はカチカチに固まり、スコップなどではとても太刀打ちできない。

スコップ片手に有元が途方に暮れていると、解体場の社長が「重機、貸そうか」と言ってくれたという。幸運なことに、ロケ車のドライバーがたまたま重機の免許を持っており、社長から小型の重機を借りて、山を突き崩し、小さくなった塊をスコップで探った。

二〇二三年夏の北海道は、過去最高の熱波に見舞われていた。とめどなく流れる汗が防護マスクの中に流れこみ、やむなくマスクを外すと、「人生で一度も嗅いだことのないような臭い」（有元ディレクター）が押し寄せてくる。当然、ハエもカラスも大量に集まっている――。それでも有元は諦めずに黙々と堆肥の塊を突き崩し続けた。

そして四時間後、「デカっ！」という有元が叫ぶ声が解体場に響いた。ついに堆肥の山の中からヒグマのものと思われる巨大な骨（腰椎）を掘り出したのである。解体場の社長によると、その堆肥の中にOSO以外のヒグマの骨は含まれていないから、これはOSOの骨と見て間違いなかった。

有元ディレクターと掘り出したOSOの骨

とんでもない「臭い」

「藤本さん、見つけました！」

普段は冷静な語り口の有元の珍しく弾んだ声での電話報告を受けて、私も思わず「マジか！」と声を出していた。

それから約一時間後、有元がビニール袋で何重にもくるんだ大きな骨を抱えて事務所に現れた。なるほど、確かにとんでもない臭いである。

「鼻に臭いがついちゃって、全然とれません」と言いながら、有元の顔は見たこともないほどほころんでいる。

「でも、この後、分析するためには、骨は洗わない方がいいんですよね」と言う有元に、洗っても分析には支障ないことを伝え、自動車用高圧洗車機で骨を綺麗に洗ってやった。お忘れかもしれないが、私の本業は「自動車修理工場経営」である。

そうして洗った骨は冷蔵庫で保管して分解を止める措置を施した。

洗車機で洗ったことで、周囲の堆肥が剝がれ落ちて多少は臭いも薄まったが、それでも消えることはなかった。今となっては、その臭いだけが、「OSO18」というヒグマがこの世に存在したことを示す微かな証のようにも思えた。

防護服に身を固めた有元ディレクターが、解体業者の「堆肥場」に積み上がった山の中から、四時間かけてOSOの骨を掘り出す場面は、後にNHKスペシャル（『OSO18〝怪物ヒグマ〟最期の謎』）でも放映された。

それにしても、いい絵を撮るためなら、できることは何でもやる——テレビマンという人種の執念には、つくづく驚かされる。

驚くべき分析結果

最終的にNHKは、これらの骨の解析を、私とも旧知の北海道大学獣医学研究院教授の坪田敏男教授を介して、福井県立大学の松林順准教授に依頼した。松林とは、私も以前に知床のヒグマに関するサケの同位体元素のサンプルを提供した縁で関係があった。

世間は、意外と狭いものである。クマ繋がりであれば、なおさら。

ここで骨に含まれている炭素や窒素の同位体比を調べることで、ＯＳＯが何を食べていたかがわかる。さらに骨を薄切りにしていくことで、年齢ごとの食生活のデータも得られるのである。

分析の結果、ＯＳＯは一般のヒグマに比べて、著しく肉食の傾向が強いことが判明した。一般のヒグマの数値が果実類や草木類に分布するのに対して、ＯＳＯのそれはエゾシカと乳牛の間にプロットされたのである。

半ば予想していたことではあったが、やはり驚くべき結果ではある。

さらに年齢ごとの食生活データを見ると、ＯＳＯは四歳から八歳までの間、常に肉を口にしていたことが判明した。前述した通り、ＯＳＯが牛を襲い始めたのは五歳になってからだが、その前から既に肉食に傾きつつあったのである。

通常の自然界では起き得ないことが、ＯＳＯの身に起きていたのである。

なぜそうなってしまったのか。

その答えは明白である。

ＯＳＯ18に何が起きたのか？

改めて二〇二三年六月二十四日のＯＳＯによる最後の襲撃から駆除されるまでの経緯をまとめると以下のようになる。

既に述べた通り、我々が駆除を許可されているのは標茶町と厚岸町であり、今回ＯＳＯが現れ駆除された釧路町は許可の範囲外にある。

オスのヒグマは一日に一〇㎞以上移動することもあるので、標茶・厚岸両町から四〇～五〇㎞の釧路町に現れたこと自体は、ありえないことではない。

だが、なぜOSOはこの夏、これまでの「狩場」であった標茶・厚岸から離れたのであろうか。

その理由は二〇二三年以降のOSOの動きを時系列で整理すると、うっすらと見えてくる。

六月二十四日　標茶町上茶安別の牧場で生後十四カ月の乳牛が背中の肉を食われ、死亡。
同二十五日　前日の襲撃地点から南に一〇㎞離れた標茶町の町有林のセンサーカメラに木に背中をこすりつけるOSOの鮮明な姿が初めて捉えられる。
七月一日　上茶安別の襲撃現場に再びOSOが現れる。
七月十四日　阿歴内から上尾幌方面へと向かうOSOの足跡を発見。
七月三十日　OSO18駆除。

この年は、OSOの出没が予測された阿歴内から中茶安別のエリアのトレイルカメラにOSOを上回る大型のヒグマが多数映ったことは既に述べた。クマは自分より大きいクマは基本的に避けようとする。OSOはこれらの大型のクマを避けたのか、この年最初の――結果的に最後となった――襲撃は、六月二十四日、中茶安別の手前の上茶安別で起きた。

同二十五日に襲撃現場の南方一〇km地点で一種のマーキング行動の〝背こすり〟をしている姿を撮影され、七月一日に上茶安別の襲撃現場に戻ってくる。

そこで我々が仕掛けた括り罠を間一髪で回避した後、最後に上尾幌方面へと向かう足跡が確認されたのが七月十四日ということになる。

位置関係としては、北から上茶安別―中茶安別―阿歴内―上尾幌となっており、OSOは大型クマが多数いる〈中茶安別から阿歴内〉エリアをスルーするようにして一気に南に下ったことになる。

エゾシカ不法投棄の闇

なぜOSOは釧路町オタクパウシに現れたのか。

後にわかったことだが、実はオタクパウシには上尾幌と同じようなエゾシカの不法投棄場所が存在していたのである。

OSOの駆除現場から林道を海岸線に向かって進んでいくと右側に小川が流れ、その左右をトドマツに囲まれたエゾシカにとっては、住み心地の良い場所が広がっている。

不法投棄場所はその一角にあった。

実際に我々のNPOのメンバーがエゾシカの猟期中にこの場所をたまたま訪れ、不届きな狩猟者による不法投棄の現場を目撃している。そこには背中からロースをはぎ取られた無残な姿で横たわるエゾシカの死体が積まれていたという。

その場所は、ＯＳＯが駆除された現場から、わずか一㎞ほどしか離れていない。

さらに言うと、私が独自に発見した違法な括り罠の設置場所ともほど近い。

それにしても、あれほど人間を警戒し、四年間に亘って追跡の手をかわし続けたＯＳＯ18が、なぜかくも呆気ない最期を迎えたのか。

駆除後に判明した様々な事実が意味するところを踏まえて、そのラストシーンに至るまでの物語を描くとすれば、次のようなものだったのではないか。

〈あの場所に行けば、いつでも美味いエゾシカの肉にありつける〉

森の中にいくつかエゾシカの不法投棄場所を見つけたＯＳＯにとって、そこはまさに「レストラン」であった。山菜やドングリなどの木の実をとるよりも簡単に肉を食えるため、いつしかＯＳＯは肉以外のものを口にしなくなっていた。

五歳になったある日、ＯＳＯは牛の肉を口にする。放牧中に自然死した牛の死体を食べたのか、それとも最初は好奇心で牛を襲ったのかはわからない。

いずれにしろ、それは、エゾシカよりもはるかに美味だったに違いない。

草木類や果実が見つけにくくなる夏場、牧場にさえいけばいくらでも襲えて、しかもエゾシカほど俊敏ではない牛は、ＯＳＯにとって貴重なご馳走となった。

だが襲撃を繰り返すうちに人間側の警戒も強まり、ついには追跡の手がすぐ近くにまで及び始める。以前のように一週間、二週間という短い周期で連続して襲うことは難しくなっていった。

襲撃を初めてから五年目となる二〇二三年。

OSOは六月二十四日に一頭の子牛を襲ったものの、背中の肉を食べたところで、人の気配を感じて逃げ出した。一週間後に現場に戻ったものの牛の死体は既に分解が始まっており、左脚をかじりとるのがやっとだった。

さらにこの年は、OSOの「狩場」に巨大なクマが集まるようになり、OSOは追い出されるようにして、「狩場」を去らざるを得なかった。

向かった先は、一番楽にエゾシカの肉が手に入る上尾幌の「レストラン」、そしてもう一つの「レストラン」があるオタクパウシだった。

その途中である。エゾシカを獲るために仕掛けられた非合法な括り罠の中に、左の前脚を踏み込んでしまったのは――。

ワイヤーはギリギリとOSOの左の掌を絞り上げた。思わず悲鳴を上げ、噛みつき、振りほどこうと左右に揺さぶったことだろう。何とかこれを外したのか、それとも罠ごと引きずっていったのか――。

山をひとつ越えて、やってきたのは川の流れる牧草地である。ようやく川の水を飲む。鬱血して左の掌は腫れあがり、使いものにならない。いずれにしろ、もう体を動かすこともままならない。川沿いの坂を何とか上ったところで、身を横たえるしかなかった。

……車の音が聞こえる。頭を上げた途端、一発の銃弾がＯＳＯ18の首を撃ち抜いた。続けて二発。

こうして「ＯＳＯ18」と呼ばれた一頭のヒグマはその生涯を終えた。

「ＯＳＯ18」とは何だったのか？

焼き網の上に置かれた牛のロース肉から滴り落ちた脂が炭の上に落ちると「ジュウ」と音を立てて、煙が上がる。

「考えてみれば、ＯＳＯはロースとホルモン（内臓）しか食わんかったなぁ」

肉をつつきながら、関本が感慨深げに言った。

「あいつはセリもフキも食わない変なクマだ」と私も応じる。

二〇二三年九月二日夕刻、中標津町の焼き肉店「肉庭」の個室には「ＯＳＯ18特別対策班」の面々が久しぶりに顔を揃えていた。ちょうどＯＳＯ18がオタクパウシで誰にも――撃ったハンター自身にさえ――知られぬままにその生涯を閉じてから一月が経っていた。

自分たちの手でＯＳＯを捕らえることは叶わなかったが、この一年半に及ぶ追跡の慰労と解散式を兼ねた食事会を開いたのである。

「それにしても、ＯＳＯを自分の目で見たかったよなあ」

松田の言葉に誰もが頷く。まったくこの言葉に尽きる。

「しっかし、ズルいクマだったよなあ」と赤石。そういえば赤石は一貫してＯＳＯのことを「ズルいクマ」と表現していた。

本文でも紹介したアイヌ民族最後の狩人、姉崎等は、その著書の中で「家畜を襲うクマは捕まらない」と語っている。

〈家畜を専門に襲うクマがいるんですよ。この家畜専門に襲うクマっていうやつは、たとえば馬とか牛のようにクマから見たら体が倍もあるような大きいものを襲ってみても、わりと簡単に倒せる。力が違うからね。【中略】だから家畜に対しては自分たちの方が強いということがわかっている。そういうクマでも人間に対してはすごい恐怖心をもっているんですよ。だから家畜を襲ったクマは、相当腕のいいハンターが行ってもかなりの技を持ったハンターでなかったら、そのクマを撃ち獲れないんです。法律で規制されている夜間発砲という時間的な問題もありますしね。それと仕掛け銃も法律で禁止されているので、法律を守ってそういうクマを退治できるかっていったら、まずクマの知恵の方がずっと上です。そういうクマは人間の考えることの裏を読めるんですよ〉（姉崎等・片山龍峯『クマにあったらどうするか』）

赤石の言う「ズルいクマ」という言葉には、姉崎の感覚に通じるものがある。

慰労会では誰もがビールを片手に……と言いたいところだが、実は「特別対策班」の面々は、誰も酒を飲まないので、みなシラフである。

ハンターには二種類いる。酒を飲むハンターと酒を飲まないハンターである。

前者の場合、狩りの前夜に翌日の作戦を練るときも、狩りの後で自慢話やバカ話に興じるときも、酒を片手に「ああでもない」「こうでもない」とワイワイやることも、狩りの一部となっている。

ところが我々のメンバーは完全に後者で、打ち合わせも打ち上げも完全にノンアルコールである。といってもストイックに猟のことだけを突き詰めるわけでもない。単にみんなで猟の話をするのに酒を必要としないメンバーが集まった、ということなのだろう。

「ハルさん、残念だったなぁ」と上林が関本を冷やかしたのは、関本が「自分のヒグマ捕獲通算百頭目はOSOで」という並々ならぬ決意で対策班の活動に従事していたことを皆が知っていたからだ。

慰労会も中盤を過ぎる頃になると、「なぜOSO18が生まれたのか」という話題になっていった。関本が言う。

「このままの状況を野放しにしておいたら、第二、第三のOSOは必ず出てくるとオレは思うよ」

私もこう応じた。

「結局、クマのことを知らない人間の無責任な行動がOSO18という〝怪物〟を生み出してしまった、ということだよね」

一年半にわたるＯＳＯの追跡において、我々はＯＳＯの行動範囲内の至るところにエゾシカが不法投棄される場所が存在している現実を目の当たりにした。

なぜ不法投棄が増えるかといえば、近年道東において爆発的にエゾシカが増加したことが背景にある。

なぜエゾシカが増えたのか。それは道東地区において改良を重ねた栄養たっぷりの牧草を食べるようになったシカが、本来エサのないはずの冬を越せるようになったからである。増えすぎたエゾシカは農作物を食害し、その被害額は年々増加の一途を辿っている。

そこで農家はエゾシカの駆除をハンターや括り罠の資格を持っている人間に頼む。彼らはその頼みに応じて駆除するわけだが、問題はその後の処理だ。本来であれば、駆除現場から運び出して解体場に持ち込むか、あるいはその場に埋設する必要があるのだが、それには労力も時間もかかる。そこで不法投棄する輩が現れるのである。

ＯＳＯは、そうして不法投棄されたエゾシカの肉を常習的に食べ、本来ヒグマの大好物であるはずのセリやフキといった草木類をほとんど口にしていなかった。

一部の人間の身勝手な行動がＯＳＯに肉の味を覚えさせ、自然界ではありえないほど肉食化の傾向を強めてしまったことは疑いようもない。

だから「ＯＳＯという怪物を生み出したのは人間」ということになる。

「第二、第三のＯＳＯ」についても、私は「生まれる可能性が高い」と考えている。

この点に関して、一部のメディアで〈ＯＳＯ18の遺伝子を持つ子孫が肉食化する〉という説が報じられていたが、これは荒唐無稽な話と言わざるを得ない。

食性に関しては遺伝的要素よりも環境的要素が強いからだ。

あり得るとすれば、ＯＳＯのように常習的にシカ肉を食べている母グマから子グマへと伝達されるケースだろう。ヒグマは生まれてから二冬を母グマと過ごし、その間、いつどこにいけば何が食べられるのか、何を食べてもよくて何を食べてはいけないか、といった食べ物に関する知恵を教え込まれるからだ。


だが、現実はもっと衝撃的だ。

これはＯＳＯの襲撃が相次いだ標茶町・厚岸町エリアの草木類の食痕を調査してわかったことだが、セリやフキを食べないのは、ＯＳＯだけではなかった。あの地域に生息するヒグマは、ほぼすべてこれらの草木類を食べていなかったのである。

その理由は、セリやフキよりももっと美味しいもの、つまりエゾシカの肉が簡単に手に入る環境にあるからとしか考えられない。

つまり、既にあの地域のクマは肉食化しつつある可能性が極めて高いのだ。

エゾシカの肉を常習的に食べているからといって、すぐＯＳＯのように牛を襲うようになるわけではないが、いったん肉食化してしまえば、そのハードルは我々が考えているよりも低いのかもしれない。

ＯＳＯにしても、放牧中に自然死した牛の死骸をたまたま口にしたのが最初のきっかけだったのではないか、と私は考えている。

あの地域に生息するヒグマであれば、同じことは今後も起こり得ると言わざるを得ない。

アイヌの人々はヒグマを「キムンカムイ（山の良い神）」として敬ってきた。ヒグマを狩ることは、神さまを家に招待することだと考えていたのである。

一方で、人間を殺したり、人間に悪さを働くようになったヒグマは「ウェンカムイ（悪い神）」としてこれを徹底的に駆除した。

では、ＯＳＯは「ウェンカムイ」だったのだろうか。

私にはどうしてもそうは思えない。どこにでもいる普通のヒグマだったはずの「彼」を「ＯＳＯ18」という〝怪物〟に仕立て上げたのは、最初から最後まで人間だったという思いを拭えないからだ。

「この対策班は解散しないよ。今の状況のままでは、また同じことが繰り返されるかもしれない」

この慰労会を私はこんな言葉で締め括った。

それでも焼き肉の煙の向こうのメンバーたちの顔を眺めながら、これだけのメンツで一頭のヒグマを追うようなことは、ＯＳＯ18が最後であってほしいと願わずにはいられなかった。

あとがき

「ヒグマとの共生」

よく聞くフレーズだが、この言葉には大前提がある。

それはすなわち、「クマとの共生」は人間優先でしかありえないということである。

何らかの形で人間に対して害をなすクマに対しては毅然とした態度で処理に臨むことが鉄則であり、その覚悟がないなら「共生」なんて言葉は口にすべきではない。

人間とクマとの共生を本気で目指すなら、一線を越えたクマに対して人間側が万全の態勢を整えておく必要がある。

その意味でOSO18は、我々にいくつかの課題を投げかけた。

ひとつは「縄張り」意識である。といってもクマの話ではない。意外かもしれないが、クマには「このエリアに入ってきたヤツは排除する」という意味での縄張り意識はない。

むしろその意識が強いのは人間の方だ。

とくにハンターの世界ではそれが顕著で、自分たちの地域に入ってきた余所者のハンターに対する「あいつら、何なんだ！」という反発は、露骨なほどだ。それは標津町に拠点を置く我々のNPOが、OSO対策のために、その出没が相次いでいた標茶町・厚岸町エリアに入ったときにも、少なからず感じられたことでもある。

ただ、今回の場合は北海道庁の釧路総合振興局が我々に対策を依頼する形をとり、さらに自治体や地元猟友会との調整・連携を図ってくれたことで、我々としては想像していた以上にスムーズに動くことができた。これは実は画期的なことだと思う。

ある地区のクマを駆除するために、別の地区から招聘されたハンターが活動したという事例は、恐らく大正期の「三毛別ヒグマ事件」【一九一五（大正四）年十二月九日から十四日にかけて、北海道苫前郡苫前村三毛別（当時・以下同）の集落に突如現れたヒグマが二度に亘る襲撃で七人を殺害、三人を負傷させたが、地元の猟師の手には負えず、最終的には留萌郡鬼鹿村から招聘された伝説的な猟師、山本兵吉によって駆除された】にまで遡るのではないだろうか。

それほどまでにハンターの「縄張り」意識というのは強いのだが、クマの方はそんな「縄張り」を無視して数十㎞の範囲を自由に動き回る。

北海道の場合、「春グマ駆除」を廃止して以来、ヒグマの個体数は増加の一途を辿っており、今やどの地域にヒグマが出没してもまったく不思議ではない。

一方でハンターの数は減少しており、地域によっては、そもそもクマを撃った経験のあるハンターがいない、あるいはハンターそのものがいないところも出始めた。

これまでのようにハンターの「縄張り」にこだわっていては、目の前の現実に対応できない状況になりつつあるのである。

そこで北海道は、そうした地域に我々のようなヒグマの専門家を派遣し、対策にあたる制度として、二〇二二年に「北海道ヒグマ緊急時等専門人材派遣事業」を創設した。

今回、我々のNPOが自分たちの拠点である標津町を離れて、自治体の枠を越えて「OSO18」対策に当たれたのは、この制度が根拠となっている。

「縄張り」を越えるべきは、人間なのである。

その動きはさらなる広がりを見せつつある。

二〇二三年の冬、標津町において我々のNPOと釧路総合振興局、標津町、標茶町、厚岸町、さらに斃死牛（出荷前に死んでしまった牛）処理業者が集まって、会議が開かれた。

テーマはOSOを生み出したエゾシカの不法投棄問題である。

捕獲後のエゾシカの管理については、従来は各自治体の裁量に任される部分が大きかったのだが、今後は共通のガイドラインを設けて、連携して不法投棄問題を解決していく方針が確認された。具体的には捕獲後のエゾシカの「ストックポイント」（一時的保管場所）を設定し、クマなどが荒らさぬようにきちんと管理し、定期的にこれを回収していくことだった。同時に標茶町や厚岸町ではエゾシカの解体場の建設も進み始めたという（対策班メンバーだった標茶町の北村直樹も一念発起し、エゾシカ解体場を立ち上げた）。

すべては「第二のOSO18」を生まないために——。

ある特定の一頭のヒグマをこれだけの期間、これだけの陣容で追い続けたのは私にとっても初めての経験である。

それは簡単なことではなかった。追跡の過程で手に入れた数多の情報や痕跡を一つずつ潰していくことでしか、その正体に迫ることはできない。

その作業は、事件現場に残された証拠を鑑識係が集め、そこから犯人の足取りを推理して、追い詰めていく警察の捜査と変わるところはない。

今回のOSOの追跡にあたっては、当然のことながら、我々「OSO18特別対策班」のメンバー以外の多くの方々の協力を得ることができた。

それは牛を殺された牧場関係者をはじめ、自治体関係者や地元猟友会といった方々であり、彼らこそが複数年に亘って、現場で苦労されてきたのである。

そうした人々の惜しみない協力によってOSOの包囲網は一気に縮まっていった。

そのすべての人々にこの場を借りて感謝の意を表するとともに、とくに以下の方々のお名前を挙げさせていただきたい。

昼夜を問わず神出鬼没のOSOの出没情報をリアルタイムで伝えてくれ、さらに現場での関係各所との円滑な情報伝達に奔走してくれた厚岸町の古賀栄哲氏と標茶町の宮澤匠氏。

そして「捕獲作戦」最大の協力者として、我々の活動を全面的にサポートし、貴重な情報提供をもいただいた、株式会社「大倉ファーム」の関係者の皆様。

また、捕獲作戦の終盤で病気療養を余儀なくされた筆者に最善の治療を施し、現場復帰を支えてくれた釧路労災病院五階東病棟の医療スタッフの皆さんにも改めて感謝を申し上げたい。我ながら、入院中もパソコンを持ち込んでこの原稿を書いたり、就寝時間をすぎても、電話が鳴りやまない〝問題児〟だったと思うが、医療スタッフの献身的なサポートのおかげで、令和六年三月二十七日、主治医から「寛解」の所見をいただくことができた。

またOSO18を追いながらの九カ月の闘病生活を乗り切ることができたのは、妻をはじめとする家族の支えがあったことも言うまでもない。

謎のヒグマ、OSO18を我々の手で捕獲する事は出来なかったが、多くの人々の助力によってあと一歩のところまで追いつめたことによって、ああいう結末を迎えることができたとも言えるだろう。

本書は人間とクマの長い歴史においても、過去に類を見ない規模の「追跡捜査」の全記録である。道東で生まれた一頭の名もなきヒグマが、人間の手によって牛を襲う〝怪物ヒグマ〟と成り果て、また人間の手によって駆除されるまでの物語を書き残すことは、人間とクマの未来に待ち受ける「if（もし）」に答えるヒントになり得ると私は考えている。

令和六年六月吉日　　藤本　靖

本書は書き下ろしです。

企画構成　伊藤秀倫
装幀　関口聖司

写真提供　南知床・ヒグマ情報センター

藤本靖（ふじもと・やすし）

1961年生まれ。標津町在住。NPO法人「南知床・ヒグマ情報センター」前理事長、現・主任研究員。自動車整備会社経営の傍ら、ヒグマ研究に取り組み、北海道大学大学院野生動物学教室で非常勤講師も務める。現在、標津町議会議員。

OSO18を追《お》え
〝怪物《かいぶつ》ヒグマ〟との闘《たたか》い560日《にち》
2024年7月10日　第1刷発行

著　者　藤本靖《ふじもとやすし》
発行者　大松芳男
発行所　株式会社　文藝春秋
〒102-8008
東京都千代田区紀尾井町3-23
☎03-3265-1211
印刷所　理想社
製　本　加藤製本
組　版　明昌堂

　ISBN978-4-16-391872-3　Printed in Japan